献给詹妮弗、戴文、科林和凯拉

反套路

What Makes
Your Brain Happy
and
Why You Should Do
the Opposite

[美] 大卫·迪萨沃 著

王岑卉 译

北京联合出版公司
Beijing United Publishing Co.,Ltd.

目录

第一部分
轻易察觉不到的偏见

第六部分

说到不如做到

序言丨为什么人心难以捉摸？

《今日心理学》总编辑、心理作家

雷·赫伯特

在这本书的开头，大卫·迪萨沃讲了一个杂货店遭贼的故事。情况原本可能变得更糟糕的——迪萨沃的两名同事不顾危险，阻止小贼偷烟，结果身受重伤，好在没人丢掉性命。两名杂货店员都不是鲁莽之辈，掌握的信息也足以做出更明智（不那么危险）的选择，但他们却没有那样做。他们没有理智地评估风险，而是轻率地做出了决定。为什么会这样？

迪萨沃解读了这两名倒霉店员不理智的思维方式，认为是常见的认知偏差扰乱了他们的判断。其中一个年轻人受到传统“男强女弱”的观念蒙蔽——这种认知偏差往往存在于潜意识层面。另一名店员则是因为想逞英雄而变得盲目，忽视了局势发展的诸多可能性——有些情况下完全不适合逞英雄。他们两人都不假思索地采取行动，做出了让自己后悔的决定。

刻板印象（stereotypes）和脚本（scripts）是两种非常有用的认知工具，也是我们在日常生活中会用到的行事法则。没有类似的认知工具，我们就会变得犹豫不决，无法正常行动。但如果运用不当，或在不恰当的情境下使用——就像迪萨沃的两名同事试图阻止小贼——这些工具也会变成陷阱。我们随时都会用到"刻板印象"和"脚本"，将它们视为节省时间和精力的捷径。但就像上述例子展现的那样，它们也会扰乱我们的判断。用俗话来说就是，我们会陷入一些"套路"。

我喜欢这个故事，也喜欢作者在书里讲述的一些故事，因为它们在日常生活中很常见。坏人并不总是狡诈无情，好心的员工有时也会犯傻。我们在做决定、做选择时都会犯傻。正因为如此，我们很容易对他们的误判和做法感同身受。

我喜欢这个故事，还因为它说明了两点。第一点跟人类行为有关，第二点跟我们对心理学的认识有关。

故事说明的第一点是，人类的心理错综复杂。我职业生涯的大部分时间都在试图证明这一点，因为它并不像人们想象的那么显而易见。写一本行为科学读物面临的挑战（跟写天文学或粒子物理学读物面临的挑战截然不同）就是读者已经具备最基本的心理学知识。每个人都感受过从恐惧到愉悦的种种情绪，每个人都有过积极和消极的时候，每个人都尝试过自控，但是收效甚微。所以说，读者大概知道心理学是什么。心理学家面临的挑战是，要向人们展示心理学中不那么显而易见的事实。心理学作家面临的挑战则是，要让读者相信，这些事实新鲜有趣，值得一读。在这方面，迪萨沃享有绝佳的声誉。他擅长描述日常生活中的细节，让读者得到意想不到的收获。

我相信，心理学读物是各种科普读物中最难写的。如果这听起来与直觉相悖，只是因为所谓的“硬科学”（即理论或事实可以精确测量、测试或证明的科学）看似更抽象，与数学紧密相关。其实并非如此。

事实上，以寓教于乐的方式解释心理学很难，需要深厚的科学和文学素养。人类行为极其微妙，难以捉摸，大多处于灰色地带。与此相比，写作（包括写科普读物）通常太有条理性，容易忽视其微妙之处。用写作这种迟钝的工具来阐释人类思维、情感、行为的微妙之处，对作者来说是一项艰巨的挑战。

故事说明的第二点是，生活中的“下意识决策”远比我们想象的（或愿意承认的）多得多，而这并不是什么好事。这是认知心理学在过去十年乃至更长时间里关注的核心话题，也是迪萨沃在本书中选择深入探讨的。我们的思维不是受少数非理性认知偏差影响（或误导），而是受到成百上千种认知偏差的影响。这些认知偏差彼此影响，有时相互促进，有时彼此削弱。

大量研究表明，尽管人类的心智拥有独特的分析天赋，但同时也深受认知偏差影响，导致缺陷百出。就像我们过于依赖“刻板印象”和“脚本”做判断一样，对结果和确定性的需求、对社交联系的渴望，以及迪萨沃在书中清晰展示的其他认知动力，都对我们影响深远。

这些关于“下意识决策”的洞察相当新颖，似乎能以此推论出人类心智是某种“双处理器”，总在缓慢的理性思考与迅速的直觉判断之间摇摆不定。不同个体也许会倾向于其中一种思维方式，但我们每个人都是“深思熟虑”与“依靠直觉”的混合体。我们都具备深思熟虑的能力，但在特定情境下不一定会选择慢慢考虑。有时候需要迅速做出判断，完全依靠直觉，有时候则需要多花点时间，审慎做出判断。这要根据不同情况而定，但不是每个人都善于具体情况具体分析。换句话来说，思考其实是件混乱不堪的事。正因为如此，我们很容易被“套路”。

描写这种混乱状况并不容易，因为稍不留神就会给出错误的解释。当我们描述复杂而混乱的事物时，会急于做出简单的划分。这就是所谓的“化约论”（reductionism）。我们更喜欢把黑锅推给某种性格缺陷，而不是直接承认自己马虎大意。迪萨沃坚持从日常生活中的实例出发，避开了“化约论”的陷阱。

心理学作家还面临一项特殊的挑战，那就是抵制大脑的诱惑。本书的许多洞察都源于认知心理学领域的范式转变。这与神经科学的发展息息相关，包括脑神经化学物质的新发现和观测大脑活动新方式的出现。这门新兴学科让我们得以从全新角度阐释人类行为，也促使脑科学相关书籍和文章不断涌现。尽管这些洞察都非常出色，但还不足以解释人类的思维与情感。

人们普遍存在误解，认为探讨大脑的读物要比探讨人类思维和行为的读物更深刻，也更有科学性。许多作家也陷入了同样的误区。事实恰恰相反。脑解剖和脑化学都以生物学为基础，所以相关作品被纳入了“科普读物”，但它们对人类天性的解释并不多。原因很简单：大脑并不等于行为，大脑活动报告不一定能解释重要问题，比如我们为什么会做出对自己不利的事。要想弄清这些既有趣又复杂的问题，就必须埋头苦读实验心理学著作。

由于神经科学过于化繁为简、夸大其词，因此当下出现了强烈的反对声浪。不少脑科学家自己也指出了该领域的局限性。这不是说探测和扫描大脑不重要（通过这种手段，我们总有一天会得出重要答案），但就目前而言，大脑还无法解释人类心理的微妙之处。所以，我们还需要研究心理学。迪萨沃非常明智，没有选择相对简单（但缺乏洞见）的探索方式。

严肃心理学作家还面临一项特别的挑战——怎么才能从市面上粗制滥造的同类作品中脱颖而出。大多数书店的心理学区（通常叫作“励志区”）往往充斥着自命不凡的作品，对人类的境况发表高见，夸夸其谈。有些作者具备相应资历，有些则不然——但这似乎一点也不重要。每本书都在大开药方，教人怎么过更好的生活，但没有几本有科学依据，更别提缜密的知性探究了。

《反套路》并不是励志书。作者只想提供一些“科学方面的帮助”。这就意味着，迪萨沃踏踏实实走访了许多实验室，阅读了大量科学研究文献，然后将关于人类思维的前沿洞察汇成一本书，呈献给各位读者。书中开的“药方”比较低调，因为将认知心理学用于现实生活的时间还不长。作为一名称职的科普作家，他能做的就是让读者意识到人类心智在日常生活中经常跟自己作对。摆脱不理智的判断和危险的决策，做出审慎而理智的决定，少被“套路”，这仍然是我们每个人的责任。不过，迪萨沃为我们提供了全新的实用工具。

引言

大脑的认知特点和基本逻辑

“能拥有称为‘思想’的脑内小小波动，乃是我们的荣幸。”

——大卫 · 休谟，英国哲学家

“人类所有问题都有简易解决之道——像模像样，貌似有理，但可惜谬误不堪。”

——H · L · 门肯，美国作家、编辑我们的大脑是一台能做出预测、检测规律的机器，渴望稳定、明确、持续的东西——这听起来挺不错，但它有时会出问题。

上班的第一天，你踏进了新办公室。你浑身紧绷，像在有鳄鱼出没的池塘边喝水的小鹿一样警惕。这不是你第一次踏上工作岗位，你以前也做过其他工作，所以这种感觉并不陌生。但不管怎么说，这都是一份全新的工作，你跟多年前开始头一份工作时同样焦虑不安。不过，两者还是存在差异的，只是你第一次走过办公室走廊时还没意识到。你一步一步朝前走去，打量两旁的办公室，感受着工作氛围。突然，你有了一种感觉——我会没事的。

为什么这个念头能冲破压力和紧张的束缚，突然浮现在你的脑海中？在你一步步走过走廊，慢慢熟悉新环境的时候，到底发生了什么事？尽管并不显而易见，但这其实是大脑运作的结果。你看到、闻到、摸到、听到的一切都会经过大脑的处理、分析和解码。你的大脑在运用进化得来的能力，而且运用得极为出色。事实上，它用情绪反应战胜了神经反应，让你有种“似曾相识”的感觉。当然，这不是说你以前真的来过这里。大脑会分析你当前所处的环境，在新环境中寻找熟悉的模式，也就是过去类似的经验。它得出结论：既然有这些熟悉的模式，你就能预测接下来会发生什么事。随着你慢慢结识新同事，会有越来越多的信息经大脑处理，越来越多的模式被检测出来。随着时间流逝，你对新环境中的事物越来越了解，原本让你提高警惕的东西将不再被视为危险，也不再需要密切关注。短短一天时间，大脑就勾勒出了一幅微型地图，告诉你如何在新环境中生存下去。这幅地图会增减、变动、调整、扭曲，但万变不离其宗，所有变化都源于你大脑识别、编码、归类出来的种种模式。

经过多年的神经科学研究，如今大脑被视为一台预测机器，一个极为复杂的器官。它通过处理信息，能判断接下来会发生什么事。大脑尤其擅长检测模式、发现规律、预测威胁和讲述故事。它喜欢稳定、明确和持续的东西，会将不可预测、不确定、不稳定的因素视为对自己的威胁——也就是对我们的威胁。

问题在于，为了规避和对抗这些威胁，大脑进化出了一种能力。这种能力促进了人类的生存与发展，但也带来了许多副作用，与我们的日常思维和行为息息相关。本书会探讨其中的一些副作用。有讽刺意味的是，它们在害我们摔跟头、掉进陷阱的同时，却会让能预测威胁的大脑非常“快乐”。也就是说，大脑会让我们产生错觉，乐于陷入“套路”。接下来的章节，将探讨以下内容：

- 为什么我们渴望确定性，希望觉得自己是对的？
- 为什么我们会靠记忆支撑这种感觉？
- 为什么我们喜欢给巧合赋予意义，在缺乏信息的情况下在事

物之间建立联系

- 为什么我们喜欢“一切尽在掌握”的感觉？
- 为什么我们会努力规避失败？
- 为什么我们会调节道德行为，以此获得心理平衡？
- 为什么我们会陷入后悔的怪圈？
- 为什么该用特殊性策略的时候，我们却爱用一般性策略？

如果我们能不带偏见、误解和妄想地生活，世界将是多么美好。虽然这是不可能的，但我们总是忽略这个事实。我们大部分时候都一头雾水，搞不清自己为什么会那么做，为什么会那么想。这不是因为我们蠢。恰恰相反，只有具备复杂思考和反省能力的大脑才会受蒙蔽，搞不清自己的心智到底是怎么运作的。

不过，在进一步讨论之前，让我们先后退几步，从认知角度看一看我们是从何而来，又要往何方去。

大脑的运作方式，其实很复杂

为了让心智分析发挥作用，就必须弄清目前人类对大脑功能的了解。必须承认，相关知识还很有限。不过，过去几十年中相关研究的迅猛发展，让我们对人类心智的理解有了长足进步，这在一个世纪前是无法想象的。例如，如果你告诉一名20世纪初的神经学家，100年后科技会发展到截瘫患者能靠意念操作机械手臂，他肯定不是哈哈大笑，就是嗤之以鼻。尽管科幻小说和漫画书里出现过类似的技术，但严肃的科学家绝不会指望“这些玩意有朝一日能变成真的”。不过，现在我们知道，这些设想不但可能实现，而且很多已经实现了。此外，我们对大脑有了足够多的了解，知道“身心二元论”的解释早已过时。如今，仍有不少人觉得应该把大脑和心智分开讨论。因为他们觉得，思维如此复杂，竟然发生在大脑里，这实在令人难以置信。正如我母校的一位生物学教授所说：“几十亿个‘开关’怎么可能搞出像心智那么复杂的玩意？”

认知科学还没能彻底解决这类问题，但在研究大脑之谜的过程中，人们发现有些问题根本没有切中要害。例如，“开关”的比喻就是归类错误所致。他们认为，大脑不过是由血肉组成的、小巧（尽管很复杂）的电子元件，从这个前提出发，绝不可能解释心智运作的原理，最多只能博人一笑。

认知科学剖析了存储心智的容器——大脑，对我们认知事物的归类方法发起了冲击。设想一下，如果能弄清某种想法、某种情绪位于大脑的哪个部位，那将多么诱人啊！以愤怒为例，我们宁愿相信怒气是从脑门上“冒出来”的，也不愿接受它并非“住在”大脑里的某个地方，而是脑中多个区域相互作用的结果。

说到记忆，人们就更难接受事实了。你10岁时在游乐园玩过山车的记忆到底存放在哪里？由于回忆看起来或多或少是完整的，所以我们相信，它就搁在我们的脑袋里，就像书搁在书架上一样。回忆往事的时候，我们只需要从架子上取下书，翻到恰当的一页就行了。但现在我们知道，记忆并不是这样的。事实上，你关于急转弯和大回环的记忆并不存在于大脑中任何一处，而且也不是完整的。

这些关于大脑的发现让人一头雾水，背后的科学研究也无法为我们提供满意的答案。我们用简单的归类法填补空白，仅仅是因为得不到确切答案会令人不安。由于唯一能提供解释的器官（大脑）是为了解读周边环境而进化来的，所以也就不难理解，为什么研究大脑自身运作的脑科学会让我们倍感挫折。然而，你我现在能讨论这个话题，正是拜头颅里这个神奇器官产生的“心智”所赐。或者更确切地说，心智不是大脑的产物，而是大脑活动的结果。换句话说，大脑的活动，也就是我们整个神经系统的活动，就是我们的心智。用神经科学家西蒙·莱维的话说：“心智不过是大脑在完成自己的工作。”

经过大半个世纪的努力，我们逐渐抛弃了“身体（包括大脑在内）与心智相互独立”的观点，也就是17世纪法国哲学家勒内·笛卡尔提出的“身心二元论”。用当代哲学家约翰·塞尔的话来说，身心二元论错在“从一开始就将两者一分为二”。但将大脑和心智“一分为二”的理由显而易见：人类从有能力思考这种问题开始，就不喜欢将两者视为一体。如果说心智是大脑活动的结果，那它就仅仅是个生物进程。无论这种进程多么复杂，也不过是血肉、细胞和筋腱的运作。我们作为万物之灵长、宇宙之精华（至少我们自己是这么认为的），怎么可能这么可怜兮兮，仅仅是某些神经科学家所谓的“湿件”（一种生物构件，与电脑硬件相对）？这就是认知科学研究对人类自我理解发起的冲击。随着我们对大脑运作原理的了解不断加深，认知科学带给我们的思想冲击也会越来越大。

打鸡血其实作用不大

既然身心二元论已遭到摒弃，那么未来的解释该是什么？将心智与大脑一分为二的观点已经一去不复返了，那么应该用什么取而代之？这正是本书讨论的核心内容。我们已经迈进了“自我了解”（self-understanding）的时代，而在神经科学和认知心理学研究为我们推开这扇大门之前，要做到这一点还是难以想象的。我们仅仅站在这个时代的开端，必须特别小心谨慎，不能根据尚处于初级阶段的研究成果贸然得出结论。但我们确实已经踏上了自我了解的新征程，不可能再回归“身心二元论”那陈腐的避难所。在这个新时代，提到“心智”的时候，说的就是大脑做的事。提到“思想”的时候，说的就是心智的运作，也就是大脑永不停歇的活动。将两者一分为二的观点已经轰然倒地，随之倒下的还有无数关于心智的错误认识。

也许这正是一个绝佳的机会，我们可以借此弄清自己为什么会这样、那样做，以及如何扭转不符合自身利益的想法和行为。如果这让你联想到了“励志读物”，请允许我提前声明：我认为，认知科学研究的新浪潮其实削弱了绝大部分励志建议，接下来还会证明其他建议是多么空洞无物、毫无根据、欺世盗名。在过去的几十年里，人们对大脑和心智的误解使得励志读物趁虚而入，从迫切寻找答案的读者手中赚走了数十亿美元。认知科学不能像励志读物那样提供具体的解决方案，心理学这门学科也不会去做那样的尝试。不过，神经科学和心理学能探讨某些棘手问题，让我们评估自己的思想和行为。

根据切实的研究成果反思自身行为，要比读励志书更靠谱。我们需要的不是励志，而是科学的帮助。

我们有时候只能靠直觉行事

我是个实用主义者，喜欢实实在在的东西，不怎么喜欢“依靠直觉”。不过，我能理解也能接受，人有时候只能靠直觉行事。虽然直觉不能彻底解决问题，但却能将我们引向答案。况且，做研究也离不开直觉。我认识许多优秀的研究人员，他们都很擅长依靠直觉。有时候，他们会在吃早餐时突发灵感，想出极具创意的研究方法。有时候，他们仅仅从直觉出发，就能发现前人作品中的错漏。我就做过不少类似研究，进而写出了这本书。这段经历证明，有时候应该相信直觉。

不过，在相信直觉的同时，我们也得当心过于轻信。励志读物通常会给神经科学研究草率下结论，试图给出解决问题的万灵药。我们渴望得到答案，愿意听那些声称能给出答案的人侃侃而谈。我们想迅速解决问题，好让自己尽快安心。但真相是残酷的：我们往往无法得到自己想要的东西，至少跟原先设想的不一样。对于别人给出的“答案”，我们本该持怀疑态度，但轻信的力量极其强大，会战胜这种怀疑。如果我们不当心，刨根问底的渴望就会变成对虚妄废话的盲从。

例如，我们必须特别当心，避免从脑成像研究中得出定论。对于大脑不同区域被激活意味着什么，神经科学研究领域至今尚无定论。在脑成像研究能给出确切答案之前，我们还有一大堆问题需要探讨。例如，为什么在两项不同的研究中，在相同的实验条件下，大脑被激活的区域不同？大脑在重复实验中表现不同，这对研究人员来说也是个大问题。到目前为止，还没有人能提供可靠的解决办法。有人甚至提出，应该在法庭上运用脑成像技术，给嫌疑人定罪或证明清白——如此信任一种远不够完善的技术实在是太可怕了！类似的问题还有许多，但这个例子足以说明，科学研究不是为了给我们提供确切的答案，让我们每天都能睡个安稳觉。事实上，在任何值得探讨的领域，我们都应该期待发现更多的问题，而不是更多的答案。

但话又说回来，建立在一次又一次研究基础上的科学调查本身就能激起人们的希望。正是它将科学论断与伪科学论断和毫无依据的励志口号区分开来。科学调查对研究人员提出了高要求，因为这个过程本身就带有自毁倾向。它不会带来令人艳羡的完美成果，只会动摇人们原以为无懈可击的观念，进而踏上全新的征程。

简而言之，这就是本书的出发点。科学只是一种工具，但它是我们用来解决重大问题的最佳工具。我相信，要想理解人类思维和行为背后的动机，它也是最有效的工具。要想弄清我们为什么会这么想、为什么会这么做，就必须深入挖掘问题的核心，同时承认探索过程的内在局限性。

关于本书的事先声明

我要对本书的一些内容做些事先声明。首先，我在书中故意用了一个过于简化的比喻——“快乐的大脑”。当然，从严格意义上说，大脑不能用“快乐”“悲伤”“愤怒”来形容，它也不会“渴望”“要求”“声明”或“承诺”。用纽约临床心理学家和精神分析学家陶德·埃希格的话来说，就是：

> 大脑不会“渴望”，就像肺叶不会唱歌，膝盖不会打破跳远纪录。大脑会对我们造成影响，使我们渴望某些东西。在大脑与“渴望”之间，总有一个身处某种情境、某种文化的人。

我用“快乐的大脑”这个比喻想表达的是，在许多情况下，大脑会将规避失败、降低风险、防止受伤视为重中之重。这是大脑进化而来的功能，大多数情况下都对我们有好处。然而，这些自保倾向（我称之为“快乐大脑”倾向）有时会做得太过火，反而对我们造成阻碍。我们要弄清的是，什么时候应该违背大脑的直觉去思考问题、采取行动，从而做出正确的决定，采取正确的行为。

其次，这不是一本探讨精神病理学的作品。我不是心理学家，也不是精神科医生，不打算通过书籍或其他媒介扮演心理治疗师。我也不是神经科学家，不会宣称自己拥有经过长期训练才能获得的神经动力学知识。我只是一名对大脑工作原理感兴趣的科普作家，一心想把自己学到的知识与广大读者分享。我还是一名公共教育专家，用多年时间制定和推行策略，使特定的目标受众提高意识、改变行为。我非常了解“知行合一”有多难。我们大多数人能意识到问题，甚至能找到解决方法，但通常仍会失败。我正是有感于“知”与“行”之间的鸿沟，才决定写这本书。我想知道，为什么人类总会做对自己没有好处的事情。具体来说，我想知道，在每个人都为之感到折磨的自毁想法和自毁行为背后，大脑究竟是怎么运作的。

三年前，我刚开始写这本书的时候，打算主要探讨认知偏差——经常导致我们犯错的心理误区。但在阅读大量研究报告，并跟认知心理学和神经科学专家深入讨论后，我发现了认知拼图中更关键的一块。它能解释是什么让我们的大脑如此“快乐”。

我的研究还得出了进一步的结论：仅仅知道大脑存在缺陷，其实并没有多大用处。大多数讨论大脑缺陷的作品都是点到即止。但如果不能为此做些什么，知道这个又有什么用呢？大家也许知道该采取行动规避诱惑，但实际做起来又是另一码事了——这就是“知”与“行”之间的鸿沟。事实上，弄清这一点跟弄清是什么让大脑如此“快乐”同样重要。

最后，你会在接下来的章节中看到五花八门的话题。我有意不去纠结技术细节，而是关注我认为跟本书讨论有关的内容。我希望，这本书不仅能提供丰富多彩的信息，还能提供实实在在的帮助。希望随着讨论的展开，你既能获取信息，也能得到帮助。

第一部分

轻易察觉不到的偏见

第一章

我们大部分的偏见，来自于确定性

“心存质疑确实令人不快，但确定无疑则是荒谬不堪。”

——摘自法国哲学家伏尔泰致腓特烈二世的信

人类其实比虎鲸还固执

1997 年 10 月 9 日，雷耶角鸟类观测站的研究人员发现，在距旧金山海岸 26 英里远的法拉隆岛附近海域，一条虎鲸和一条大白鲨纠缠在了一起。这惊人的一幕登上了新闻报道。人们一直很好奇，如果这两种顶级捕食者正面交锋，到底谁会占上风？但在此之前，没有人能确定。有人在船上录下了这一搏斗过程。后来，这段视频传到网上，立刻引起了世界上数百万人的热切关注。

事实证明，虎鲸赢得不费吹灰之力。它迅速肢解了大白鲨，吞下了它的肝脏，把残骸留给海鸥享用。很多人期待这两大“海上霸主”能上演一场惊心动魄的血腥对决，结果却大跌眼镜。不过，科学家倒是兴致勃勃。

他们感兴趣的是，为什么两大海上霸主会打起来，虎鲸又是怎么击败鲨鱼的。通常来说，顶级捕食者会相互避让，因为跟同等重量级的对手搏斗很可能伤及自身。受伤就意味着丧失狩猎能力，也就意味着末日将近。

所以，科学家很想知道，为什么这两大顶级猎手甘冒风险，在开阔海域捉对厮杀？答案让所有人大为震惊——这不是遭遇战，而是虎鲸在捕鲨。

要想弄清为什么，就得回过头来看看虎鲸是怎么学习狩猎的。跟人类一样，虎鲸也有自己的文化。但跟大多数人类文化不同，虎鲸文化只围绕一点展开——狩猎。有些虎鲸偏爱鲱鱼，有些猎杀海豹，有些拿黄貂鱼当主食，还有一些专门捕鲨。研究人员看见的那只虎鲸，就是以鲨鱼为食的虎鲸文化的产物。

接下来要探讨的是，为什么虎鲸能轻而易举地击败鲨鱼？无论在哪种虎鲸文化中，狩猎技巧都是通过示范和模仿学来的。虎鲸会相互学习经过实践检验的、切实可行的狩猎技巧，这就是为什么它们能成为优秀的猎手。当一条虎鲸用某种方法成功狩猎，其他虎鲸就会积极学习和模仿。

科学家推测，某个偶然的机会，有一条虎鲸发现，如果从侧面发起猛烈冲撞，就能把鲨鱼撞翻，让它动弹不得，无法自卫，身受重伤。事实上，这会导致对手进入“强直静止”（tonic immobility）状态——许多鲨鱼在肚皮朝天时都会暂时陷入麻痹状态。连人类都是直到近些年才发现鲨鱼会这样的。这也就让虎鲸的做法显得格外令人震惊。

这种能让大白鲨毫无还手之力的致命猎鲨技巧，在虎鲸文化中相当于人类文化中的“谜米”（meme）——一套口耳相传的文化理念和实践方法。苏珊·布莱克摩尔在《谜米机器》（*The Meme Machine*）一书中给“谜米”下了个简单精准的定义——“模仿得来的东西”。从生物学角度来看，谜米就像一组遗传基因，能将有机组织的特征传给后代。虎鲸能够成为超级猎手，遗传因素自然不能忽略。但现在我们知道，文化对虎鲸发挥天性也起着重要作用。拥有捕猎鲱鱼文化的虎鲸不会向大白鲨出手，正如拥有捕鲸文化的虎鲸不会追击黄貂鱼。

关键在于，传递“谜米”的虎鲸文化让成员学到了赖以为生的狩猎技巧，使每条虎鲸都能从中受益。虎鲸的大脑相当发达，能让“谜米”不断传承下去。这一点远远超越了海洋中的其他生物。换句话说，那些生物迟早会成为虎鲸的盘中餐。

相比之下，地球上最擅长学习的无疑是人类的大脑。人类文化当然比虎鲸文化复杂得多，因为我们交换的“谜米”在深度和广度上都要比虎鲸的高出几个数量级。但反过来说，正因为我们的大脑非常发达，才会出现种种复杂的缺陷，而且很容易传染给别人。

其中最危险的一种基因（也就是“谜米”）是渴望确定性。人类的天性和后天形成的认知偏差让我们相信自己永远是对的，而不管事实是否如此。这就相当于虎鲸学到了错误的捕鲨技巧——当然，聪明的虎鲸可不会去模仿。如果虎鲸文化传递的“谜米”会危害自己的成员，那么虎鲸恐怕很快就会灭绝了。而人类文化每天都在传递有问题的“谜米”，例如对确定性的渴求。最终结果可能很糟糕，但我们就是死不悔改。

人类之所以如此固执，原因比我们想象的要深刻得多。神经科学研究显示，在不确定的状态下，大脑会极度不适——越是不确定，不适感越强。心理学家徐明及其团队在2005年的研究中发现，即使是非常微小的不确定因素也能刺激杏仁核。杏仁核共有两个，都位于大脑皮层深处，在应对威胁时扮演重要角色。每个杏仁核都是神经细胞的集合体，分别位于大脑左右半球的颞叶下方。方方面面的信息汇入杏仁核，杏仁核会对这些信息进行过滤，划分威胁等级，然后做出反应。与此同时，腹侧纹状体的活性会减弱。腹侧纹状体是大脑中对奖励做出反应的区域。（可以想见，当我们期待加薪、度假或亲吻的时候，腹侧纹状体的活性会增强。）随着不确定因素增大，杏仁核的活性会增强，腹侧纹状体的活性则会减弱。

这告诉我们，大脑不仅仅是偏爱确定性、讨厌不确定性，而且是渴求确定性。我们需要知道自己是对的。事实上，我们需要“感觉”自己是对的。神经学家罗伯特·伯顿以“确定性偏差”（certainty bias）这个术语来描述这种感觉，以及这种感觉是如何扭曲我们的思维的。

当我们觉得某个决策、某种信念是正确的时候，无论它是大是小，大脑都会感到快乐。由于大脑喜欢处在快乐状态，所以我们喜欢感觉自己是对的。不过，在日常生活中，“感觉我是对的”往往会被当作“我就是对的”。（因为如果我们承认只是“觉得对”，那就意味着有可能不对。从大脑的角度来看，这种说法无法让人满意。）

海洋中的哺乳动物并不渴求确定性，也就不用背负随之而来的重担。它们的需求直截了当得多。在进化过程中，它们的大脑也形成了适应自身需求的功能。正如那条不幸的大白鲨发现的，虎鲸的大脑非常擅长完成任务。

我们的大脑同样擅长完成任务。但由于人类大脑过于复杂，我们的生存发展之路没有虎鲸那么清晰。渴求“永远正确”只是其中一例，这也是本章要讨论的内容。

在眼前“消失”的大猩猩

菲尔是一所盲聋学校的年轻教员，负责照顾和指导住校学生。他是个聪明人，智商高得足够进入门萨俱乐部。他提到了自己刚来这里工作时发生的一件事：那天晚上，他在盲人学生的宿舍楼里巡视，确保每个学生都待在房间里。以他过去在其他学校的经验，检查宿舍和“熄灯”是同步的。但来这所学校后，别人告诉他，盲人学生通常开着灯睡觉（因为亮不亮灯对他们没有影响），而出于安全考虑，学校管理层也希望宿舍亮灯。

菲尔逐层检查，发现每间宿舍里都亮着灯，学生也都老老实实待在里面。当他发现一间宿舍没亮灯（跟前面的情况相比，这是个例外），就摸黑走了进去，大喊住这间宿舍的学生姓名。没有人回答。他又喊了一声，提高了嗓门，但还是没有动静。喊第三声的时候，他已经有点慌了，但还是没得到回应。他急急忙忙检查了其他宿舍、卫生间和走廊，那个学生还是踪迹全无。他马上冲进领导办公室，报告有学生失踪。领导问他，他是否确定那个学生真的失踪了。他相当肯定地回答说，楼里能找的地方都找遍了，他“非常确定”那个学生不在屋里，也不在附近任何地方。他的这番话引起了全校大搜索，搜索范围甚至扩展到了全城，前前后后持续了好几个小时。

在搜索过程中，菲尔脑海里突然闪过一个念头，让他浑身一震。他三步并作两步冲回宿舍楼，跑进那个仍然一团漆黑的房间，摸到墙上的电灯开关，“啪”的一声打开了灯。那个学生正戴着耳机，舒舒服服躺在床上呢。

为什么菲尔会忽视如此明显的线索？让我们来回顾一下到底发生了什么事。首先，菲尔接受了一条新法则：灯亮着，就意味着没问题。而在他原先待的学校，情况恰好相反。因此，他的大脑正在做调整，努力适应新法则。接着，他看到了许多亮灯的宿舍——一层楼接一层楼，一间屋接一间屋。这些体验加速了大脑的调整过程，让大脑坚定地接受了新法则。

换句话说，菲尔的注意力变得非常有选择性。当法则突然发生改变时，他脑子里的警钟就敲响了。警钟是如此急促，导致他无暇考虑别的可能性。他完全忽略了最关键的细节——具体来说，就是开灯。这是“选择性注意”（selective attention）的绝佳案例，也被称为“选择性偏差”（selectivity bias）——把注意力集中在一点上，处理信息时完全忽略其他要素，无论那些要素多么显眼。

心理学家通过“侧抑制任务”（Eriksen Flankers Task）解释了这种情况是如何产生的。屏幕上会闪现三个并列的符号。有时两侧的符号都指向中间（相吸组），有时两侧的符号都指向外侧（相斥组），有时两侧的符号指向同一方向（一致组）——比如→—←，←—→，→—→，←—←。每组符号闪现过后，实验参与者要告诉研究人员，看到的是相吸组、相斥组还是一致组，以及对自己给出的答案有多少信心。

结果惊人的一致：参与者都说对自己的回答很有信心，但其实大部分情况下他们都答错了。原因在于，要让大脑忽略周围的环境实在是太容易了。一组接一组的符号快速闪现，不断变换，大脑选择性地关注某一变量，忽视其他变量——这么一来，它就会变得“盲目”。时间在“侧抑制任务”中扮演了重要角色。实验人员故意把符号变换的速度设得很快，迫使参与者在下一组符号出现前迅速做出选择。当符号变换的速度放慢时，选择正确率会显著提升。

到目前为止，相关研究中最有趣的要数心理学家丹尼尔·西蒙斯和克里斯托弗·查布里斯进行的“我们中间的大猩猩”实验。这个实验证明了选择效应能夸张到什么程度。参与者要看一群人抛接篮球的视频，并计算传球次数。他们忙着计算的时候，一个打扮成大猩猩的女人会慢慢走进画面，停在中间捶打胸口，然后慢慢走出画面。她总共会在屏幕上出现9秒钟。看完视频后，参与者要回答一系列问题，比如，“你有没有在视频里看到什么不寻常的东西？”“除了玩篮球的人，你有没有注意到别的人或东西？”最后，他们会被问到：“你看见大猩猩了吗？”一半以上的参与者都表示没看见不寻常的东西，当然也没看见大猩猩。

西蒙斯和查布里斯通过让参与者关注篮球和计算传球数，成功诱导出了“选择性注意”。大多数参与者根本没看见自己眼皮底下发生的怪事。

参加上述实验的人往往会对自己犯的错深感震惊。参加“侧抑制任务”实验的人通常都对自己的答案确信无疑。参加“我们中间的大猩猩”实验的人则对自己忽视了这么显而易见的东西大为惊讶。

再回过头来说说菲尔吧。由于检查的每间宿舍情况都一模一样，他可以在短时间内做出“没问题”“有问题”的判断。事实上，这份工作实在是太简单，他也许根本没用心看——所以速度越来越快。走进不符合原有模式的房间时，他并没有放慢做判断的速度。结果就是，他没看见近在眼前（尽管是在黑暗之中）的事实。

菲尔该怎么做才对呢？现在看来，答案显而易见——他应该放慢速度。只要多花点时间思考，他就能重新睁开智慧的双眼，看到被忽略的细节。但这么做势必会对“我是对的”的想法发起冲击。不难推测，正如“侧抑制任务”的参与者对自己犯错感到震惊一样，菲尔也会对自己忽略了这么明显的细节深感惊讶。幸亏菲尔的故事结局还不错，但情况并非总是如此。接下来，我们就会看到相关例证。

奇妙的思想框架

我十来岁的时候，可不觉得问家里要零花钱是理所应当的。十五六岁的时候，为了赚点钱顺便打发时间，我到一家杂货店打工。有一天，我站在收银台后面，店里突然走进一个面部微微抽搐的男人。他说不知道自己新买的 35 毫米摄像机配哪种胶片，叫我把身后架子上的几种胶片都拿下来看看。

我转身去取几大盒胶片，准备给他介绍 200 转和 400 转的胶片有什么区别。就在这时，我发现有个穿宽松外套的女人在放香烟的货架边鬼鬼祟祟地晃悠（当时有些杂货店还把烟摆在货架上卖）。我继续和男人说话，但暗中留意那个女人。男人发现我有点心不在焉，就加快了语速，希望吸引我的注意。过了一会儿，我看见那女人偷偷把几盒烟塞进大衣里。我马上明白了，这两个人是一伙的——男的负责打掩护，女的负责偷东西。

我抓起电话，通知坐在后面办公室里的店经理艾德。那对男女意识到自己露了马脚，迅速冲向店门，大有狗急跳墙之势。艾德蹦到门口，阻止他俩离开。他需要在几秒钟内做出决定：要么拦住男人，要么拦住女人，但不可能把两个人都拦下，肯定会有一个逃掉。他觉得女人更容易拦下，就伸出手去，抓住了她的肩膀。可惜他判断失误了。女人抓住他的手，转身一扭。艾德一脸惊恐，眼睁睁地看着女人拽住他的食指，把它硬生生掰断了。他疼得跪倒在地，痛苦呻吟，那对男女则夺门而出。

艾德做决定的理由很简单：男强女弱。他恰巧又是个老古板，相信女人属于弱者。事实证明，根据这种禁不起推敲的逻辑做出的决定，导致他身陷险境。

不过，故事还没讲完呢。艾德痛苦地倒下后，另一名店员（我们就叫他奈德吧）追了出去。奈德的个头比艾德大，经常炫耀自己的一身武艺。他一路追到停车场，让那两个贼停下，结果他们真停下了。男人转身面对奈德，奈德马上摆出说不清是空手道还是柔道的架势，仿佛在警告对手——老子武艺高强，你小子不信试试！可怜的奈德，人家才不管他那套呢，冲他右脸就是结结实实一拳。奈德应声倒地，两个贼继续逃跑，钻进车里开走了。

艾德和奈德的通病是，思维框架过于狭窄，只关注有限的信息，没有考虑到可能改变后果的因素。想要理解大脑的思维框架，不妨想象一个相框。不过，跟相框不同的是，它把框外的东西全遮住了，把你的注意力完全吸引到框里的东西上。如果你想看框外的东西，大脑就会发出让人不舒服的警报，希望你尽快把注意力放回框里。

不难发现大脑的这种倾向是怎么影响艾德和奈德的。例如，为什么艾德要跟贼动手呢？因为他的思维框架让他确信，自己肯定比其中一个贼厉害——也就是他觉得柔弱的女贼。事实上，这种思维框架实在太强大，让他完全没意识到跟陌生人动手的危险性。

奈德的思维框架则是这样的："我武艺高强，能制服小偷。"他没有考虑框架外的可能性——例如，他也许没有自己想象中那么强，小偷的功夫可能比他还厉害，甚至可能随身携带武器。他也没有考虑自己亲眼目睹的事实：艾德的手指刚刚像饼干一样被掰断了。

心理学家阿莫斯·特沃斯基和丹尼尔·卡尼曼率先将这种倾向定义为认知偏差。他们简单称之为"框架偏差"（framing bias），也就是决策者对跟某个决定有关的行为、后果和意外情况的看法。决策者采用的思维框架部分取决于问题本身，部分取决于个人的行为规范、习惯和性格。

艾德和奈德"当下"就做出了决定，固有思维框架使他们没有经过深思熟虑（关于这一点，我们还是放他们一马吧）。如果能深入观察他们的意识，就会发现更深层的内在思维框架，也就是所谓的"预设框架"（preframing）。

哲学家兼心理学作家山姆·基恩讲过一个故事，说父母是怎么给他和哥哥"贴标签"的。他哥哥从小就是个机械天才，不到六岁就能把割草机拆开后重新组装起来。父母逢人就说他天生是做工程师的料，是机械界的奇迹。相比之下，山姆则“敏感又多虑”，没有出众的机械天赋。父母常常谨慎地指出——对山姆或者对其他人说——他跟哥哥截然不同。临近高中毕业的时候，山姆不确定是该上大学还是上职业学校，就去做了个职业测验，想知道自己到底适合做什么。事后，他去找辅导员讨论测试结果。辅导员告诉他，他各方面成绩都不错，机械方面尤其突出。山姆惊讶不已，回答说：“您肯定是搞错了，那应该是我哥哥。”

基恩的故事展示了思维框架与“确定感”之间的潜在联系：它在头脑中运作，就像别人给我们写好的剧本，会对我们的思维框架产生潜移默化的影响。这种影响我们自己根本意识不到。

当然，思维框架也会受到外在影响。目前有大量研究探讨媒介对思维框架的影响，尤其是处理敏感问题的时候。卡尼曼和特沃斯基做过一个经典实验，展示了思维框架是怎么运作的。下文会重现这个实验。想想以下每种情况，你会怎么处理。

你在疾病控制中心工作，有个600人的小镇爆发了名为“亚洲流感”的致命疾病。如果你什么也不做，镇上的600人都会丧命。有人提出了两套不同的方案：

方案一，200人能得救。

方案二，1/3的可能性600人都能得救，2/3的可能性没有人能得救。

你会选择哪种方案？

接着，另一位专家提供了两套新方案：

方案三，400 人会丧命。

方案四，1/3 的可能性没有人会丧命，2/3 的可能性 600 人都会丧命。

你会选择哪种方案？

前两套方案中，72% 的参与者选择了方案一。后两套方案中，78% 的参与者选择了方案四。我相信你肯定发现，其实方案一和方案三一模一样，方案二和方案四一模一样，唯一的区别在于表达方式。第一种表述得到了 72% 的支持，意思完全相同的第二种表述只得到了 22% 的支持。当思维框架影响我们做判断时，具体内容就变得不那么重要了，无论我们能否意识到这一点。

艾德和奈德故事的结局很有讽刺意味：最好的选择是让小偷逃跑，然后打电话报警——顺便一说，这正是我当时的做法。正如前面提到的，艾德和奈德的做法情有可原，毕竟他们是在高压之下做出选择的。但我们接下来会提到，就算并不是紧急情况，思维框架也能让人把事情搞砸。

依赖直觉，容易陷入套路

几年前，我到中国出差，有一天可以外出游览。我最想去的是长城。跟我同行的是在北京居住多年的美国人马克。幸运的是，他不但熟知当地习俗，还能说一口流利的普通话。旅途中，他一直在教我该怎么跟中国人交流，哪些事千万不能做，哪些事不能凭我在美国的经验胡乱推测。

他千叮咛万嘱咐的一点是，经过街边小摊的时候，千万不要碰我不打算买的东西。摸摸货摊上的东西在美国很正常，但在中国的小贩看来，你有兴趣“翻看”他们卖的东西，就意味着你会买点什么。我觉得这个规矩很荒唐：如果我不先拿起来看看，怎么知道自己想不想买？马克的回答是：“相信我，别碰就是了。”

通往长城的一路上都有小贩在兜售各种各样的纪念品。我被一样东西吸引了——带毛皮护耳的老式棉军帽。我朝卖军帽的小摊走了过去，理所当然地想，帽子嘛，肯定要先戴上看看合不合适，再说买不买。于是，我把同伴的劝告置之脑后，拿起一顶帽子戴上试了试。结果大小不合适，我就摘下帽子，放回了摊上。

我还没反应过来是怎么回事，两个小贩就绕过摊子站到了我身后。其中一个人把我刚才试戴的帽子塞回我手里，语气坚定地说了几句中文。虽然我听不懂他在说什么，但毫无疑问，他是要我买下这顶帽子。我微笑着摇摇头，摆出一副“我是老外我听不懂”的天真表情，把帽子放回了摊上。接着，另一个小贩抓起帽子，不客气地往我头上扣。我赶紧摘下，放了回去，但它马上又被扣了回来。最后，马克发现了我的窘境，赶紧跑过来解释，但两个小贩还是不依不饶。直到我们跑到长城景区的入口附近，他们才作罢。

这种思维框架缺陷跟艾德和奈德的不一样。我事先得到了明确可信的警告，知道某种做法肯定会导致糟糕的结果，也有足够的时间思考该怎么做。但即便如此，我还是根据自己狭窄的思维框架做出了判断。

心理学家凯斯·E·斯坦诺维奇和理查德·F·韦斯特的研究显示，我犯的错误正是所谓的“直觉性无视”（heuristic override）。在心理学领域，直觉是指一系列简单有效的法则（无论是生来就有的，还是后天习得的）。当我们遇到问题但缺少信息时，直觉就会发挥作用。人类总是依赖直觉。它是非常好用的工具，但也可能把我们领进死胡同。正因为如此，我们应该吸纳外界知识，以此补充或压倒内在直觉。

当直觉占上风的时候，斯坦诺维奇和韦斯特等心理学家就会说，我们成了“直觉性偏差”（heuristic bias）的俘虏。要想理解“直觉性偏差”，不妨设想一本规章手册，里面写满了原本就有和后来添加的规章制度。你总是随身携带，时不时参考。但这本手册存在重大缺陷：许多规章制度看起来似乎准确无疑，适用于所有情况，但其实并非如此。不幸的是，很难分辨什么情况下不适用。所以，你有时候会不知所措。你越是思前想后，就越是不确定，大脑也就越容易陷入恐慌。于是，你会更倾向于按书里来。这会让大脑感到快乐，尽管结果可能不尽如人意。

再回到我的故事。我完全无视同伴的建议，以固有的狭隘思维面对小贩，严格遵照自己手册里的一条法则：不要相信跟经验不符的建议。我觉得自己做的决定是正确的，结果却陷入了尴尬的境地。

本章的末尾会进一步探讨这个问题。现在，让我们暂时离开思维框架和直觉，回到古代去看一看。

只要有利，对错并不重要

我是电影《斯巴达三百勇士》的铁杆粉丝，那部影片生动再现了著名的温泉关战役。战役中，三百名优秀的斯巴达勇士抵挡了数不胜数的波斯士兵。更准确地说，电影是根据弗兰克·米勒的漫画小说改编的，小说描写了斯巴达人“为自由而战”，抗击残忍的波斯大军。

我喜欢这部电影，并不是因为它还原了那段历史。毕竟，它跟史实相差甚远。我喜欢的是片中精心设计的打斗场面，还有它证明了如何选择信息证明自己的立场。

电影上映后不久，不少自说自话的报纸、电台、电视台都把“争取自由”“反抗压迫”的主题融入了自己的节目。这部电影成了民粹主义的赞歌，而浑身油亮、古铜肤色的主人公，也就是斯巴达人，则成了民粹主义的英雄。

那些媒体滔滔不绝的独白中没有提到，斯巴达人同样是残酷的奴隶主。斯巴达人之所以能全身心投入训练，正是因为有无数奴隶替他们做繁琐的杂活。斯巴达人关注的不是“自由”本身——他们关注的是自己的自由。

斯巴达人也不是宣扬“家庭价值”的人该崇拜的英雄。斯巴达的习俗是把没有展现出战斗天赋的婴儿丢进深谷。男孩很小就要学会自力更生，否则就会饿死，要不就在如今看来极其野蛮的训练中丧命。大多数美国人都接受不了这种对待生命的态度。

问题在于：为什么这些都不重要？一部根据历史幻想小说改编

的电影，怎么会被关注家庭的民粹主义者视若圭臬？答案是，只要是支持“自由”的东西，都会被宣扬民粹主义的人纳入现有的认知体系。不符合这一主题的史实则被他们统统忽略了。寻找能证明自己观点的证据，忽略不能证明自己观点的证据，就是心理学家所谓的“证实性偏差”（confirmation bias）。这跟性爱、睡觉和烤肉一样，是人类的天性。

以一群粗鲁暴力的男人为例，就能证明它是怎么发挥作用的。设想你是奥克兰突击者队的铁杆粉丝。有一天，你打算逛逛职业橄榄球论坛，看看最近有什么新闻。结果，你发现了一篇题为《为什么突击者队这么烂》的帖子。你点进去看内容，发现作者竟然明目张胆地侮辱你心爱的球队。你气坏了！但这还不是你最关注的。真正引起你注意的是，文中质疑了一些你作为铁杆粉丝深信不疑的事实。况且，他不是信口开河，而是逻辑严密、有据可依。

你现在是什么感觉？肯定不仅仅是气愤，因为气愤是漫无目的的。你的情绪更复杂，也更有针对性。你为别人批评自己心爱的球队而火冒三丈，同时也担心其中某些说法是真实存在的。如果那些说法是真的，就意味着你始终坚持的某些信念是错误的。你告诉自己：“这是不可能的。但我也不能假装没看见我读到的东西。”于是，你决定做点研究，自己也写篇帖子。你很清楚该从哪里入手——奥克兰突击者队的球迷网站。除了在那里，你还能去哪里寻找需要的信息呢？

不用再想了，你知道接下来会发生什么事。你的目的不是理性评估新发现的信息，说服自己改变立场，而是寻找能证明现有立场的信息，因为你压根就不可能改变立场。

无论抱何种信念，持何种立场，我们总是这么做。当我们寻找证据证实自己的观点，反驳让自己不舒服的观点时，我们真正追求的是什么？简单来说，我们想要解决问题。

接下来，我们要去都灵转一圈，聊聊你家的狗，再回过头来聊这个话题。

都灵裹尸布和给狗狗洗澡

都灵裹尸布，这块让宗教考古学家激动不已的圣物，关于它真伪的争论一直没有停歇。然而，所有可靠的科学评估都证明它是中世纪的人伪造的。科学家多次通过碳 -14 年代测定法证明它是公元 13—14 世纪之间的产物，而非公元 1 世纪的奇迹之物。然而，争论仍在如火如荼地进行。

2009 年，在坚持“裹尸布为真”的派别中，一位梵蒂冈研究人员声称在裹尸布上发现了用希腊文、拉丁文、阿拉伯文写成的隐形文字。她宣称，里面有用希腊文写的“拿撒勒人耶稣”字样。如果正如某些人所说，裹尸布是中世纪伪造的，当时的人绝不会对耶稣用如此不敬的称谓。梵蒂冈研究人员指出，再拙劣的伪造者也不会犯如此明显的错误，所以说裹尸布肯定是公元 1 世纪的。首席研究者是梵蒂冈聘用的一位历史学家，以研究圣殿骑士团著称。在研究中，她宣称圣殿骑士一度保管过这块裹尸布。对此，大多数研究同时期的历史学家都不以为然，因为圣殿骑士团在 14 世纪初就解散了，而关于裹尸布最早的记录出现在1360年的法国。这位研究人员近期提出的关于裹尸布的说法也饱受争议。多年来，研究过这块裹尸布的人都知道上面有字——这一点并不新奇——但她是第一个宣称从中发现可靠证据，证明“裹尸布为真”的人。不过，她得出的结论有不少致命缺陷。例如，她宣称部分文字是拉丁文，但公元1世纪的犹太葬礼中从未使用过拉丁文。真煞风景，是吧？但争论还在继续。

问题在于，为什么人们会孜孜不倦地为已被证明是假的东西辩护？首先，我们必须认可与这一信念紧密相连的深厚感情。不管看起来怎么样，这番争论不仅仅关乎证据。对许多人来说，认定“裹尸布为真”与他们虔诚的宗教信仰密不可分。

如果宗教信仰与客观的科学判断发生冲突，结果总是这样。承认事实要付出高昂的代价，所以无论证据多么确凿，都会遭人质疑。

斯波克说得对，人类毫无逻辑

斯波克先生是科幻剧集《星际迷航》（*Star Trek*）中的外星逻辑学家，这个角色在剧集试播时差点被砍掉。《星际迷航》在1966年首映，伦纳德·尼莫伊扮演的斯波克先生的造型在当时绝对是个突破。人们从来没见过这么吓人的家伙——尖尖的耳朵，凌厉的眼神，轮廓分明的山羊胡。不少观众都吓懵了，连NBC电视台的高管都说他“像魔鬼”。剧组担心这个造型会冒犯观众，特别是对长得像魔鬼撒旦的外星人毫无好感的基督徒，于是决定砍掉这个角色。

不过，斯波克（和演员尼莫伊）也有不少支持者。在对造型进行了若干修改（比如去掉山羊胡）后，斯波克这一角色终于得以保留，并成为了电视史上极为经典的形象。

再举个实际生活中的例子吧。假设你和另一半为这次轮到谁给狗狗洗澡发生了争执。你们都说上次是自己洗的，这次该轮到对方洗了。事实上，你们俩都很忙，过着黑白颠倒、昼夜不分的生活，根本不记得上次是谁给那可怜的小家伙洗的澡。

但你毫不退缩，像在联合国大会上致辞一样坚持自己的立场。就在这时，你的另一半突然摆出证据，给了你致命一击。她说，你不可能在你说的那天给狗狗洗澡，因为那天你要开会，很早就去上班了。尽管你仍然坚持自己特意早起，给狗狗洗了澡，但其实这两件事都不可能是真的。她的说法听起来有道理，但你还是确信自己是对的。你心想：没准我记错日子了，毕竟是好几个星期前的事了，这个错谁都可能犯。

不过，你的心理防线已经被冲破了。你开始想，自己编的故事是不是真说得通。如果你想不起来是哪天早上开的会，自然想不起上一次你（或另一半）是哪天给狗狗洗的澡。有没有可能是你为了说服对方，故意从记忆中选择对自己有利的部分？有没有可能是你故意歪曲记忆来满足预期——本来就不该是你给那只可爱但脏兮兮的狗狗洗澡？证据就摆在眼前，你越来越不确定，要不要就此投降？

都灵裹尸布的“证实性偏差”与根深蒂固的宗教信仰相关。就像在讨论进化论时，有些人认为，认可进化论相当于背弃自己的信仰。这个立场压倒了一切。给狗狗洗澡的“证实性偏差”与信仰无关，但与个人信誉有关。所谓个人信誉，就是关于自己是对是错的“纪录”。对大多数人来说，维护个人信誉的意愿虽然没有维护宗教信仰那么强，但也够强了。

不难推测，最后总会有人放弃争论，去给狗狗洗澡（毕竟它又不会自己洗），但这并不一定意味着会有人承认自己记错了。就算是这么琐碎的小事，人们也难以逾越“证实性偏差”。双方都想证明自己是对的，都想让大脑感到快乐。类似该谁给狗狗洗澡的争论是所谓“能轻易摘到的果实”。解决类似的琐碎小事，就像从树上摘下最容易摘到的果子。大脑喜欢这么做，因为每解决一个问题，都能获得小小的奖励——一点点的确定性。如果能在都灵裹尸布真伪的争论中“取胜”（其实并不可能），大脑将获得如滔滔江水般延绵不绝的欢愉。用另外一件古代圣物来打比方的话，解决这种重大问题带来的奖励，就像大脑找到了确定性的“圣杯”。可惜，在裹尸布真伪这件事上，确定性就像圣杯一样，虚无缥缈，遥不可及。

但如果建立在信仰基础上的观念被无可辩驳的事实证明是错的，那又会怎么样？“证实性偏差”的支柱是否会在如山铁证面前轰然坍塌？让我们拭目以待。

隔空打牛，是绝技还是忽悠？

在世界各地的武术流派中，有一些宣称拥有“隔空打牛”的秘传绝学。这门绝学的特点是，无需肢体接触就能击倒对手。有一位深谙此道的武术大师人称“人体眩晕枪”，另一些则自称“合气道大师”。（“气”是指一个人生来就拥有的内力，据说必须通过特定招式才能施展出来。）

用不着怀疑，确实有人相信这门绝技的存在。网上可以找出一大堆视频，显示合气道大师在自己的武馆里，不费吹灰之力，就能将弟子击飞。大师只是隔空比划了几个动作，弟子就被甩了出去，或倒地不起。面对虎虎生威的大师，弟子毫无还手之力。

在外行人（也就是除了弟子以外的人）看来，这门功夫的真实性值得怀疑，甚至有人直说是“扯淡”。许多人要求合气道大师对普通人而不是弟子施展绝招，但大师往往对这些要求置若罔闻，或者粗暴拒绝。他们常常表示，不需要证明给外行人看。“证据”已经摆在视频里了，爱信就信，不信拉倒。

不过，有一位合气道大师表示，他不仅能向弟子以外的人发功，还愿意挂出高额悬赏，奖金高达 5000 美元。不管是什么人，只要能在日本电视台的摄像机面前，承受住大师施展的绝招，就能领走奖金。为了让这个赌局更有趣，他直接向综合格斗师下了战书。（综合格斗师在空手道、柔道、跆拳道等领域都颇有造诣。）不出所料，有人接受了挑战。

这位合气道大师名叫龙家林（音译），声称自己有 200 胜 0 负的完美纪录。他要在自己的武馆里接受挑战，届时会有大批观众亲临现场，电视台的摄像机也将现场直播。他的对手是一位经验丰富的综合格斗师。此人在比赛前公开签署协议，表示如果无法战胜龙家林，自己绝不会领走奖金。一切准备就绪后，比赛开始了。

比赛并没有持续多长时间。综合格斗师向龙家林发起进攻，龙家林则以在视频里击倒弟子的招式应对，也就是隔空比划动作。结果，龙家林被综合格斗师打倒在地，这让观众们都震惊不已。他好不容易爬起来，冲着对手比划了几下，结果又被打趴下了，还挨了一顿猛踢，最后不得不主动认输。

看过这场惨败视频的人都不由得奇怪：为什么龙家林愿意以如此公开、如此惨痛的方式作践自己的信念（和身体）？不管答案是什么，有一点很清楚：他确实相信自己拥有"隔空打牛"的神功，为此不惜赌上金钱、名誉和自尊来证明这一点。他无意中给我们提供了一个绝佳案例：建立在信念基础上的"证实性偏差"面临终极挑战——而且一败涂地。在这里要提醒大家一句，我说的不是龙家林的"证实性偏差"，而是相信他的那些人的"证实性偏差"——包括他的弟子，还有打心眼里相信合气道大师确实身怀绝技的人。如今证据就摆在面前，他们肯定不会再执迷不悟了吧？

才不是呢！这番对决过后，许多"隔空打牛"的信徒仍然毫不动摇。有人说，综合格斗师用某种方法"干扰"了大师运功。还有人说，龙大师当天身体不适，无法发挥全部实力，败北是意外，什么也证明不了。跟你想象的不一样，哪怕有成千上万人见证了龙大师的惨败，"隔空打牛"的信徒和传授者也不会消失。

简而言之，这就是"证实性偏差"的力量。不管你是捶它、踹它，害它缺胳膊断腿，还是当众羞辱它，它仍会屹立不倒。

影响决策的，除了思维定式，还有思维图式

对我们的大脑来说，在争论中选择立场是件麻烦事。我们会抱定一个答案不放手，同时还以为自己是客观的——其实根本不是这样。认知科学通过研究大脑用于组织信息的心智构造——也称为图式（schemata）——揭开了其中的奥秘。

心理图式就像一幅由相互关联的观点组成的思维地图。例如，关于“学校”的图式，就包含“老师”“课本”和“学科”之间的联系。这些概念又会引出其他概念，比如“学科”会让人联想到“数学”“语文”等等。认知科学指出，随着图式的不断发展，能进入这一范畴的信息会越来越少。这么做的理由很现实：我们是根据心理图式中的联系做出判断的。如果信息杂乱无章，或者地图没有将某些信息排除在外，我们连做最基本的判断都会很困难。

设想一下，你在某个领域工作已经快十年了，现在要去面试一份新工作。面试官告诉了你工作职责、工作日程、上班地点、工资待遇和其他相关细节。这些都很重要，但跟这些同样重要的是你关于“职业生涯”的心理图式。其中包括你在长期工作中形成的一系列观念，是你做出判断的重要依据。你面试的这家公司符合你的职业规划吗？他们的工作日程合适吗？薪水合适吗？公司规模合适吗？上下班路上花的时间合适吗？当然，你可以根据情况随时调整预期，但关键在于，你面试的时候并不是头脑空空。在走进面试的房间之前，你已经有了关于“职业生涯”的心理图式，它将影响你做出判断。

问题就出在这里。既有的心理图式能引导我们评估新信息，但同时也会选择性忽视与图式不符的信息。

要想知道为什么，就得回头看一看哪些东西能让大脑感到快乐。当新信息使既有的心理图式受到质疑时，大脑的反应跟受到威胁时一模一样。对威胁有反应的杏仁核活性增强，对奖励有反应的腹侧纹状体活性减弱，大脑会觉得不舒服。大脑喜欢安安稳稳，不喜欢随时保持警惕。处理新信息会带来不确定感，这对大脑来说是种威胁。我们要么选择考虑不符合心理图式的新信息，让大脑暴露在威胁之下，要么选择反驳或忽视新信息，或者将它们划归“跟我无关”的范畴——这些信息不能完全忽视，但也不会影响或改变现有的心理图式。

认知科学研究人员尤其关注大脑如何维护既有的心理图式。例如，弄清宗教信仰的深远意义，有助于理解大脑是如何追求稳定的。信仰与大脑对动态平衡的喜好息息相关。著名生理学家瓦尔特·布拉德福德·坎农称之为“能调节内部环境、保持稳定状态的体系的特性”。

人类喜欢用“价值”给不同的信念划分等级。例如，信仰上帝就比相信 2+2=4 重要得多。但神经科学研究显示，有价值的信念也好（比如宗教），没价值的信念也罢（比如数学），都会让大脑产生同样的反应。无论我们主观上觉得某种信念重不重要，大脑想要的都是同样的东西——稳定性和一致性。我们很少意识到这一点，但日常行为都受其影响。

大脑发出的信号，有时候是不靠谱的

一款新产品很快就要上市了，我想你也许会感兴趣。这款产品名为“超级工具”，外形类似超大号的摩托车头盔。你只要把它戴在头上，按下一个按钮就行了。不用不知道，一用真奇妙——戴上它以后，你的大脑将拥有别人不具备的优点。你会发现，自己的“选择性注意”大大减少（再也不会遗漏细节！），思维框架明显扩充（再也不会有思维盲点！），能够客观评估不符合自己信念的信息（再也没有“证实性偏差”！）。除此之外，“超级工具”有各种颜色和图案，完美搭配用户的独特个性。

我想，就算这种工具真的存在，我们也不会真的想要。通过让大脑的某些部分短路，来避免这一章提到的种种认知偏差，这么做真的值得吗？大概不值得吧。下面这个问题或许更值得探讨：如果大脑如此渴望确定性，为什么不满足它呢？如果它如此渴望“我是对的”的感觉，为什么不让它高兴呢？

在试着回答这些问题之前，我要讲一件发生在我太太身上的事。她痴迷跳伞。我们结婚前，她决定实现自己一直以来的愿望：亲身体验一次跳伞。我们在弗吉尼亚州北部找了一个颇有声誉的跳伞基地。在那里，她可以把自己对这项极限运动的热爱化为实际行动。在我看来，这简直是疯了。读完免责条款（“你很清楚参与这项活动可能导致突然死亡”等等）后，我有点被吓到了。我问她：“你确定要从12000英尺高的地方跳下来？”但对她来说，跳伞前的每一刻都是无上的享受。她不是不紧张（我想，从上万英尺的高空跳下来之前，只有僵尸才会不紧张吧），但美梦成真和完成终极挑战的愉悦感战胜了不安。她成功完成了跳伞，我则惊恐地睁大眼睛看完了全过程。

我们应该庆幸，自己的大脑不是昨天才诞生的。正因为大脑演化了这么久，我们才会拥有应对威胁的警报机制，才能应对不稳定感。没有它们，我们现在就不会在这里。只要是正常人，从高空跳下时都会紧张不安。这是我们的大脑在危险出现时发出的警报，不管危险是实实在在的，还是尚未出现的。但我们得知道，什么时候该无视这种信号，选择走不那么舒服的路。

为什么我们会相信不可信的东西？

认知心理学家兼作家布鲁斯·M·胡德指出，人类生来就拥有一种“超感官”。它让我们相信一些非常奇怪的东西。他在著作《超感官：为什么我们会相信不可信的东西》（*Super Sense: Why We Believe in the Unbelievable*）中提出，大脑是为理解周遭世界进化而来的，这导致我们会相信无法解释的东西，比如超自然力量。“我们从一开始就相信世界上有看不见的模式和力量。这种想法是不可避免的，人类的天性就是希望与外物建立联系。”胡德还指出，通过分享让人超凡入圣的体验，它将个体紧密联系在一起。

美国和意大利心理学家组成的研究团队发现，不太需要“认知闭合”（cognitive closure）的人，通常比其他人更擅长创造性地解决问题。换句话说，能够克服大脑对确定性的追求，防止大脑为了追求稳定性而固步自封的人，更乐于应对来自各方的挑战，冒着风险去克服重重障碍。有时候，在大脑大喊“停下”时从半空中跳下，正是我们需要去做的事。正是这样的冒险精神，为科学发现、技术进步和人类发展铺平了道路。

当然，这不是说我们不该听从大脑发出的警报。违背天性不一定是好事。有时候，狭隘的思维框架更适合眼下的情况。有时候，忽略新信息很有必要。我们必须听从直觉，弄清什么时候该冒险一跃，什么时候该脚踏实地。这正是人之为人所面临的挑战——谁叫我们拥有具备求生本能的大脑呢？

第二章

生活中并没有那么多规律

"有那么多假象和错觉，就像暴风雪中纷飞的雪花。"

——拉尔夫·沃尔多·爱默生，美国思想家、诗人

巧合是命运的安排吗？

我们先来做个小小的思维实验。首先，想象你走在机场的通道里，看见了一连串似乎是偶然出现，但又像诡异巧合的东西。例如，在不到45分钟的时间里，你在四个不同的地方看见了同一个数字（比方说429吧）：一本杂志的售价，不经意看手表时上面显示的时间，某人T恤背后印着的数字，一杯冷冻酸奶的价钱。这件怪事让你满腹狐疑，直到准备登机。结果，“巧合”还在继续——你的航班号是1429。现在，你有点拿不准了——是该从这些巧合中领悟出什么，还是当这事根本没发生过？你是不是得到了什么“暗示”？如果是的话，是谁在发出暗示？这到底意味着什么？你是该按部就班地登上飞机，还是该换票搭乘下一航班，好摆脱这个奇怪的巧合？

这样的例子足以让大多数人心生疑虑，觉得这些偶然事件可能预示着什么。如果这确实意味着什么，怎么才能发现其中隐藏的含义呢？既然马上就要登机了，你的第一反应自然是：“这是在警告我不要坐这班飞机！”不过，有那么多人要坐同一班飞机，又有多少人收到了同样的警告呢？如果他们都没收到警告，你凭什么能享受特殊待遇？再说了，还有另一种可能性——这也可能是个好兆头嘛，说不定你会在飞机上遇到好事。也许你会坐在未来伴侣的旁边，或者碰上给你高薪工作的老板。但话说回来，你怎么知道到底会发生什么事？冒这个险到底值不值？如果你上了飞机，却不幸遭遇空难，当飞机垂直下坠的时候，你肯定会后悔当初没能领会“暗示”。光是想想这些可能性，你的脑子里就会乱成一锅粥。

好了，别再想了，歇口气吧。

如果上面那段话让你纠结不已，那我想说的第一点就显而易见
规律，赋予它们特定意义。这些意
然后被我们投射到外界。问题在于，
信说辞（这可能让我们身陷险境，
难摆脱这个念头。在前面的例子里，
关注“429”。也许你看见了这个
脑提高了警惕，导致你集中注意力，
，在机场里找到更多包含“429”
的霓虹灯一样引人瞩目。事实上，
样安全。其实，这个道理你心知肚
那样，知道却做不到的情况，远比

是我亲身经历过的。我大概 8 岁的
有一天，我在家外面玩雪的时候，
股异味，像是死掉的动物。当时，

除了家里养的狗，我没接触过多少动物，但就是把那股味道跟动物联系在了一起。几分钟后，气味消失了，我继续玩。接着，我又听到了一阵响亮的呼吸声。那个声音太响了，不可能是人发出的。我环顾四周，但什么也没看见，不管是人还是别的东西。声音很快消失了。最后，我在房子边的人行道上用雪堆城堡的时候，低头一看，发现雪地上有一块奇怪的痕迹。我越是盯着看，图案就越明显——那是一头熊！脑袋、身体、四肢还有爪子，全都清清楚楚印在那里。没过多久，妈妈就喊我回家吃饭了。电视里正在播出的当地新闻让我大吃一惊：有头黑熊逃出了动物园，目前仍未被捕获。

对此，你怎么看？这是巧合还是预警信号？你可以慢慢想，我们继续讨论下一个话题。

我思故我在

大脑擅长从规律中寻找结论，所以巧合会吸引我们的关注，这其实不足为奇。心理学先驱卡尔·古斯塔夫·荣格指出，我们视为“巧合”的东西，其实是种种内在联系，这些联系编织成了一张隐形的网。他用“共时性”（synchronicity）来描述这种神秘力量。不少关于新纪元（New Age）的书籍和励志读物都强调了荣格的说法。描述“巧合”力量的国际畅销书《塞莱斯廷预言》（*The Celestine Prophecy*）和种种跟风之作就是绝佳案例。

这种将经验、符号、图像和观点联系在一起的冲动，源于大脑生来就是为了理解周遭环境。正如前面提到的，如果大脑没有这种特性，人类早就灭绝了。问题在于，跟大脑的其他许多特性一样，我们很难控制这种将事物联系到一起的冲动。这种冲动出现的时候，大脑就会“无中生有”。我们对此束手无策，只能眼睁睁看着这种事一次又一次发生。

再讲一个真实的例子。有一位心理学家迷上了超级畅销书《秘密》（*The Secret*），不仅自己爱不释手，还推荐给病人读。这本书的主要观点是，人可以通过“认为自己会变富”等正向思维改变命运。为了证明这本书改变了自己的人生，这位心理学家向病人展示了一幅新型宝马敞篷车的照片。她解释说，这本书让她确信，自己必须把注意力集中到最渴望的东西（也就是这辆车）上，并时刻提醒自己“我会拥有宝马的！”她还说，自从她开始这么做，无论走到哪里都能看到这款车。事实上，在过去几天里，她看见这款车不下五次。她声称，这表明她的正向思维奏效了。作为一位训练有素的心理学家，她没有意识到她是在自欺欺人。她把注意力全放在那辆车上，导致大脑不停从身边截取相似的图像。她没有发现是自己执迷不悟，还以为正向思维真的奏效了，在“暗示”她马上就能实现目标呢。

就算你觉得自己不容易被巧合吸引，也可能在不知不觉中落入陷阱——尽管可能不像机场的例子那么富于戏剧性。市场营销人员经常运用心理学家所谓的“聚类错觉”（clustering illusion），通过安排零售商品的摆放顺序，诱导我们识别规律并赋予其特殊意义。例如，三款蓝光播放器并列摆放，价格从高到低，中间那款肯定卖得最好。商家会根据这个来定价。原因在于，我们会不自觉地为摆放顺序赋予意义，尽管这种意义其实并不存在。事实上，中间那款播放器的质量未必就比最便宜的那款好。营销人员知道，顾客都深信自己的直觉没错，所以给便宜的商品标个高价也能卖出去。

大脑会在事物之间建立联系，因为这是它的职责所在。请记住，大脑的适应性（比如识别规律）还没有进化到能解释我们身处的复杂商业环境。更有意思的是，我们希望每个结果都能对应一个原因——如果没有的话，大脑也很乐意捏造一个出来。

疯狂的咖啡和抽烟的猴子

假设报纸刊出了一份关于喝咖啡的研究报告，表示每天至少喝三杯咖啡能显著提高注意力和记忆力。有人读了这份报纸，第二天早上就开始每天喝三杯咖啡。接下来的一个月里，她觉得自己变得更加专注，记忆力也增强了，因为她喝的咖啡多了。接着，她又读到一份新的研究报告，说每天喝两杯以上咖啡会让人注意力下降，焦虑感增加。报纸大张旗鼓地宣传这个最新研究成果，研究人员的资历也相当惊人。她心想：没错，我最近确实有点焦虑，也许也没我想象的那么专注。于是，她变回了每天只喝两杯咖啡。

接下来的几个星期，她觉得自己的注意力有了改善，也不那么焦虑了。直到几个星期后，她又看到一篇支持第一份报告、反驳第二份报告的最新研究成果。其实，整个过程中，她体验到的种种效果跟咖啡关系不大。她深信某种行为会导致某种结果，这才是关键所在。

再来说一个例子。20世纪60年代，有个叫“抽烟的猴子”的新奇小玩意流行过一阵子。那是个塑料或陶瓷制成的小猴，附赠一根小小的香烟，可以插在猴嘴上的洞里。如果把烟点着，看上去就像小猴在抽烟，甚至还会吐烟圈。猴子是空心的，底部还有个洞。空气可以从中通过，让小小的香烟持续燃烧——至少一些人在看见底部的洞之后是这么推测的。他们觉得，小猴嘴里的烟能持续燃烧，原理应该跟人类抽烟一样。

这个推论看上去挺有道理，似乎能解释小猴抽烟的秘密——不过，“抽烟的猴子”毕竟不是“抽烟的人”，这个解释其实并不准确。事实上，底部的洞跟烟毫无关系。烟之所以能持续燃烧，是因为它用了特殊纸张，能缓慢燃烧。人们看见底部的洞，获得了一点点信息，就做出了理所当然的推测（也就是心理学家所谓的“因果联系”）。通常来说，我们跟那些人差不了多少。我们每天都会面对“抽烟的猴子”，我们的大脑则乐此不疲地填补信息空白，得出根本不存在的因果联系。在每种“抽烟的猴子”情境下，大脑寻找的其实是个能说得通的“故事”。接下来，我们要讨论原因。

故意捣乱的上帝

讲故事是治疗心病的灵丹妙药。书上的故事也好，电视里的故事也好，它们之所以吸引我们，是因为它们将有意义的碎片拼凑在一起，最终得出了更多的寓意。换句话说，故事让我们理解世界，而理解世界让大脑感到快乐。但我们听到的一些故事并没有前因后果。下面这个真实的例子就能说明这一点。

若干年前，我在亚拉巴马州伯明翰市参与一个公共卫生项目时，听说了一起极为偶然的悲剧事件。有位女士开车前往市区，在路口停下等红绿灯。她不知道，自己正好把车停在了城市总水管的一个井盖上。她同样不知道，也不可能知道的是，有关部门正在测试总水管能承受的压力，她所在的区域恰好在加压试水。

就在她等待变灯的短短几分钟里，高压水流涌到了她停车的地方。水管中有个薄弱环节突然爆裂，灼热的水蒸气像间歇式喷泉一样从井盖喷薄而出，那位可怜的女士就像蒸锅里的龙虾一样被活活烫熟了。

虽然很难计算这种意外事件发生的概率，不过我还是做了一番粗略的统计。在综合考量伯明翰市区的司机人数、井盖数量和水管突然爆裂的概率后，我算出这种事发生的概率大概是五十万分之一。（后来我才知道，这种现象叫作“水锤”。）这个数字当然不够精确，但不管精确数字是多少，这样死去的概率肯定小而又小。然而，在某个悠闲的午后，一切看似都跟其他日子没什么两样的时候，这种小概率事件却发生了。听到类似的故事时，我们都能感觉到，大脑想把意外发生前的偶然因素联系起来，弄清这起悲剧为什么会发生。但就算有了明确的解释（水压过高），这个故事还是缺少结论（为什么会发生这种事）。

我们难以接受这种开放性结论，是因为它给我们一种感觉：偶然的意外会发生在任何人（包括我们）身上。这会对我们的大脑造成威胁，而大脑又对威胁特别敏感。换句话说，缺少“为什么”突显了我们生活中的偶然性。我们渴望知晓原因。人们常说“事出有因”，但原因到底是什么？我们就算不知道，也会断定是某种行为导致的。为了满足自己的期待，我们要是找不到原因，就会找个“替罪羊”。在心理学中，“替罪羊”就是我们认为导致某事发生的人或物。我们随时随地都在寻找“替罪羊”，无论它是人还是物。就算明知它不存在，我们也会精心遣词造句，暗示它是存在的。例如，一位教授打算用电脑和投影仪给学生做演示，可投影仪怎么也放不出来。他试图修好，但徒劳无功，只好说：“看来投影仪打算毁了我这堂课啊。”他自己心如明镜，教室里其他人也心知肚明，投影仪不是为了毁掉他的课而故意坏的。他的话暴露了大脑的渴望——无论事实如何，都要找个“替罪羊”。我们会抱怨车子不肯发动，软件没保存文档，花草不迅速生长，以及诸如此类的事。哲学家丹尼尔·丹尼特称其为“意向姿态”（intentional stance）：为了迅速弄清到底发生了什么事，我们会把有生命或无生命的对象拟人化。

我们会发现，大脑的这种倾向同样是进化而来的。判断是什么情况导致了某种行动，这也许能救我们一命。想象一下，我们的祖先正在密林中觅食，忽然听见旁边的树上有动静。那是风声？是鸟叫？还是食人猛兽？迅速分析线索、找出真正的原因，关乎他是能回家吃晚饭，还是成为别人的晚餐。人类走出森林后，这种倾向同样有用，能帮我们判断别人的意图。人类是地球上最危险的物种之一，不仅对其他生物来说很危险，对自己的同类也是如此。无法正确判断别人的真实意图，很可能成为你这辈子犯的最后一个错。

合取谬误，你相信哪种超自然现象？

“合取谬误”（fallacy of conjunction）指的是，认为包含某个真实表述的说法比那个表述本身更准确。比方说，我告诉你吉姆是个民选官员，也是个狂热的政见宣传者，你脑海中立刻会浮现出吉姆的大致模样。如果我问你，下面关于吉姆的表述哪个更准确：1. 吉姆是个政客；2. 吉姆是个不支持私人持枪的政客。这两个表述都包含一个我们已知的事实（吉姆是个政客）。不过，第二个描述还包含一个推断——由于吉姆是个狂热的政见宣传者，所以他肯定不支持私人持枪。那么，这个表述比第一个更准确吗？并非如此。就算吉姆不支持私人持枪，第一个表述也没有因此变得不准确。更重要的是，第二个表述建立在对吉姆政见的推测基础上，这种推测不一定准确。心理学研究显示，相信超自然现象的人尤其容易犯“合取谬误”。如果把上述例子中的真实表述换一下，换成通灵者在“与死者沟通”过程中说出某人已逝亲人的名字，你也许就能明白了。如果通灵者说对了名字（也就是表述正确），那他就打开了通往“合取谬误”的大门。如果对方相信了这个，就一头扎进了陷阱。从那之后，通灵者想怎么胡说八道都可以了。他可以基于“唯一的真相”，建起一座谎言的堡垒。

偶然和运气

大多数学生都不怎么喜欢统计学。统计学课在任何一所大学里的出勤率都很低，仅次于微积分和有机化学。然而，我们生活中每时每刻都离不开统计学。可以说，我们每个人都是概率手中的棋子。只要有足够多的时间、足够多的司机、足够多的水管薄弱环节，总会有人把车停在即将喷发的井盖上。也许这种事不过是一年一遇、十年一遇甚至百年一遇，但它迟早会发生。我们怎么知道？因为这件事发生了。

“偶然”和“运气”这两个词其实是“概率结果”（probabilistic outcomes）这个术语的替代品。当龙卷风席卷整座小镇，只有一栋房子幸免于难，而且毫发无损，我们会说这栋坚挺的房屋（还有住在里面的人）很“幸运”。也没准有人会说，这栋房子能幸存下来是上帝的恩典，其他房子被毁则是魔鬼的作为。而勤勉的统计学家会指出，这不过是既定因素的概率结果。既定因素包括房屋构造、龙卷风风速、这栋房子与其他房屋的相对位置，等等。他们也许还会摆出一堆龙卷风摧毁结果的统计数据，证明一栋房子幸存而其他房屋倒塌的情况其实很常见，大多数房屋安然无恙而只有一栋房子倒塌的情况也不少见。这些信息并不能说明那一栋房子为什么能幸存或者倒塌，但我们能从中得知，这一事件并非完全无法解释。

然而，大脑很难接受这个事实。它眼下最需要的是为发生的事找理由。这种渴望是如此强烈，导致我们完全忽视了一点——很多事根本没有理由。事实上，类似的情况经常出现。有时候，我开车时听见广播里提到“棕马”，往窗外一瞥，正好看见路边有匹棕色的马。每次发生这种事，我都会惊讶不已。从概率上说，这其实没什么值得大惊小怪的。但在这种巧合发生的一瞬间，我还是会想这是不是有什么特殊含义。

这不是我们在犯傻，不过是大脑的天性。

无处不在的控制错觉

除了前面提到的东西，还有一点也值得讨论。我故意把它放在最后，希望给你留下深刻印象。我们有时会认为自己在某个场景中扮演重要角色，心理学家称之为“控制错觉”（illusion of control）。当悲剧发生在自己或亲人身上时，我们往往觉得自己该为此负责，心想“要是当时我……就不会发生这种事”。我们觉得自己能阻止悲剧发生，其实大多数情况下只是错觉。但我们需要为悲剧的发生找理由，找“替罪羊”，所以很难听进别人的劝告，接受这并不是我们的错。

这一点在赌博中体现得尤为明显——不管你是买彩票，还是进赌场。彩票之所以能存在，就是因为人们有“控制错觉”。许多玩彩票的人都相信，自己选的号码要比机器随机生成的号码“好”，因为那是他亲自挑选的。如果有一天没有买那组号码，那组号码却中了奖，他肯定会气得从楼上跳下去。所以，他一次又一次去买自己选的号码。这个博彩人受了错觉的影响，以为自己能控制号码中奖的概率。但事实上，他根本无法改变概率。

赌场也利用了人们类似的心理。下一次你去赌场的时候，不妨问问玩老虎机的人打算靠什么赢钱。有些人会说，他们知道赢钱的“秘诀”，只要按“秘诀”玩就能赢大奖。他们落入了同样的错觉陷阱，以为自己能靠某种“成功秘诀”改变概率。

可惜对他们来说，唯一的“成功秘诀”就是赶紧停手。

为什么庄家总能赢？

《赌博研究杂志》（*Journal of Gambling Studies*）刊登了一份研究报告，揭示了在线赌博中的一个现象。这个现象看上去很矛盾，但完全说得通。研究人员分析了 2700 万个在线牌局，发现玩家赢牌局数越多，赢得的奖金越少。研究人员认为，原因在于他们虽然赢得的局数多，但每局的奖金不多。为了赢得更多局数，玩家得不停地玩牌，而玩牌的次数越多，就意味着惨败的概率越大。事实证明，惨败的局数虽然少，但赢的钱一下子就输回去了。在线赌博者错误估计了“冒险就能得到回报”的不确定性，几局小胜就让他们误以为自己成功了。结果，庄家总能赢。这是根据统计数据得出的结论，不适用于少数大赚一笔后见好就收的幸运儿。如果你接着玩，那么笑到最后的一定是庄家。

第二部分

无意识的力量

第三章

为什么你对未来感到迷茫？

“我从不思考未来，因为未来很快就会到来。”

——佚名

一天早上，你的顶头上司打电话给你，说她接手了一个新项目。她详细描述了项目有多重要，为什么公司给它划拨预算，以及所有的预期结果。在兜了一大圈后，她终于提出了你刚接电话时就在想的问题：你愿意在这个新项目中扮演重要角色吗？

但问题在于，手头现有的工作已经让你焦头烂额了，而且短时间内情况不可能有所改观。你对上司做了解释，她表示理解，但补了一句，新项目起码也得半年后才会用上你。她还强调说，选择权完全在你手中，如果你不想参与，她也不会勉强。你现在做的工作也很重要，一切都不会改变。

你心中暗想，如果接受了新职位，自己对公司会更有价值。反正起码得 6 个月后才会做那边的事，让这个好机会白白溜走就太可惜了。于是，你一口答应下来，表示会在做好本职工作的前提下参与新项目。放下电话后，你对自己做的决定非常满意，然后就埋头做日常工作去了。

6 个多月后，你收到上司发来的一封电子邮件，里面列出了一长串任务。你既然要在新项目中扮演重要角色，就得在两个星期里把这些事全做完。正如你6个月前预料到的，你目前手头的工作极其繁重，现在又多了这么一大堆职责。警钟在脑海中敲响，你开始责怪自己：6个月前接下这份工作的时候，你就知道自己会身陷泥潭。当时你到底在想什么呀？

我们面对未来的承诺时，往往会低估它的隐患——尤其是马上就能兑现的奖励。在上述故事里，马上就能兑现的奖励是：上司对你的青睐，你觉得自己对公司更有价值了。但到了要兑现承诺的时候，你又觉得自己会不堪重负。现在怎么办呢？由于几个月前做出的承诺，你现在必须应对两份痛苦不堪的工作。

未来的不确定性

对于远在未来的承诺，大脑无法提供清晰的判断，导致我们很难做出正确决定。因为大脑只能根据现有环境做判断，预测当下的威胁和奖励。哪怕只是预估几个星期后的情况，大脑也难以胜任。同样重要的是，即时奖励会让大脑感到快乐。"难以预测未来状况"和"渴望即时奖励"这两个因素加起来，问题就来了。经济学家称之为"双曲线贴现"（hyperbolic discounting）。

出售高价物品的人经常利用这一点来卖车、卖房。你跟汽车推销员打交道的时候，不妨注意一下，他们总是强调"每月只需付多少钱"。如果你试图转移话题，他们也会想方设法扯回来。原因在于，紧迫问题越容易解决（每月只需要付很少的钱），长远问题就越容易被忽略（几年后连本带息总共要付很多的钱）。所以，如果你确实买不起某款车，推销员就会从其他角度诱惑你。简单来说，就是不断提醒你每月只需要付一小笔钱，让你觉得买下这辆车毫无压力。

同样值得注意的是，最终付款是在另一个房间里，由另一位销售人员负责的。那个人的任务跟前一个人相辅相成，也就是最大化地压榨利润，同时将你牢牢吸引住。所以，如果你现在确实买不起车，他就会推荐你六年期贷款，而不是五年期贷款。从你现在的角度来看，选择五年期还是六年期其实并没有什么区别。多交 12 个月的利息，意味着要多掏几千美元，但在你看来，这跟马上就能开走新车的“即时奖励”相比算不了什么。第二位销售员的任务还包括尽可能多推销其他“产品”（比如保险），让你的注意力集中在短期能获得的奖励上。此外，他还得确保你当天就能成交。道理很简单：如果你多花点时间思考长远承诺，短期奖励的美妙光环就会变得黯淡。推销是一场动态博弈，让你的大脑渴望“即时奖励”，进而敲定买卖，不管这么做是否符合你的利益。

最能体现这一点的，恐怕还要算亲朋好友之间经常发生的一件事了。不幸的是，这种事通常会伤及原有的关系。例如，某人请朋友或亲戚帮忙搬家，从一个城市搬到另一个城市。他要几个月后才会搬家，但至少得花两天才能搬完。那个朋友或亲戚接到请求后，可能是为了取悦对方，也可能是觉得有义务帮忙，会一口答应下来。无论是哪种情况，他的大脑都会收到“即时奖励”：因为满足了对方的需求而感到满足，或是因为没有逃避责任而感到满足。后者尤其值得一提，因为我们通常认为奖励意味着“得到”什么，但其实避免不愉快的事也是一种奖励。

当然，我不是说接到搬家者请求的时候不应该帮忙，但在那一瞬间很容易许下兑现不了的承诺，这么做的后果比一开始就拒绝糟糕得多。当要兑现承诺的时候，我们总会自责：当初答应的时候怎么不多想想，自己还有一堆烂摊子等着收拾呢，哪有工夫帮别人的忙！

进化不是由人类的社交关系决定的。跟人类比起来，我们的灵长类兄弟生活环境虽然复杂，但要直截了当得多。我们除了要应对变幻莫测的自然环境，还要适应复杂多变的社会环境。我们重视一诺千金，鄙视言而无信。大脑在最初许下承诺时感到快乐，最终却可能是害人害己。大脑的本能是渴望奖励，无论是什么形式的奖励。因此，我们有充分的理由抑制这种冲动。

急事真要命

这种倾向还有另一种表现形式，跟取悦他人（或避免拒绝别人，因此感到满足）无关。那就是，尽快消灭掉眼前或心头的大石。于是，一代又一代的公司员工都成了“急事综合症”的受害者。为了尽快把眼下的事做完，他们牺牲了长远规划。很多工作的截止日期都要到了，可我们手头资源有限，没法同时顾及那么多事。这时，为了减轻焦虑，我们很容易做出轻率的决定，因为后果要过一段时间才会显现出来。

设想一下，某个初级员工要安排 5 个月后的一场晚宴，招待千里迢迢来参加商务会议的客户。他眼下有许多繁重的任务，截止日期都在几天或几周内。所以，他没能为客户晚宴做充分准备，既没有考察会场，也没有安排后勤，只匆匆定下了一家餐厅。到几个月后举办晚宴的那一天，客户都被差劲的安排惊呆了。无论是座位、菜品还是服务，样样都糟糕透顶。客户对这家公司的印象一落千丈，生意自然是谈不成了。这一切都是因为某个员工在一个忙碌的下午匆匆做出决定，希望尽快把事情搞定，好让心头大石赶紧落地。从长远角度来看，他的一时畅快让公司形象大打折扣，说不定自己也会被炒鱿鱼。

我们不该苛责这名初级员工。毕竟，在重重压力之下，他这么做是可以理解的。根据手头现有的信息，他的大脑分析了几个月后晚宴成功的概率，决定把资源优先分配给当前急需处理的事（这么做本身就是一种奖励）。反正这个决定的后果要很久以后才会显现，跟没有赶在截止日期前把手头的事做完相比，这实在算不了什么。你能想出一千个类似的例子，一千个不幸的受害者。在每个例子中，我们都会发现，大脑倾向于优先解决眼下最紧迫的事。但正如接下来要讨论的，“短视”并非唯一的问题。

换成是我，会怎么做？

“要是换成是我，肯定会……”这确实是陈词滥调了，但我们每个人起码说过一两次。我们说这话的时候，心里也确实是这么想的——我们非常确定，要是处于同样的情况下，自己会有完全不同的表现（例如，工作效率更高）。

我最喜欢的例子是电视节目《你会怎么做？》（*What Would You Do?*）。节目会设计让人产生情绪波动的困境，用隐蔽摄像头记录人们的反应。例如，一位演员假扮餐厅的工作人员，用不堪入耳的种族歧视言论辱骂一名客人（也是一位演员），其他客人都在旁边看着。有人出面阻止，但大多数人都没有站出来。他们不是装作没看见，就是作壁上观，惊讶得说不出话来。最后，节目主持人出面终止了混乱的局面，告诉大家这只是电视节目。然后，他分别采访了出面阻止的人和旁观的人，问他们为什么会这么做。作为观众，看着什么也没做的人拼命解释，只会觉得尴尬。我们都觉得，如果自己当时在场，肯定会挺身而出。

然而，心理学研究显示，在电视机前看节目的人并不知道自己在同等情况下会怎么做，除非他们经历过许多类似的情况。我们犯了心理学家所谓的“强度偏差”（intensity bias），也就是对自己的情绪反应预估失误。类似的心理学术语还有“道德预测”（moral forecasting），也就是推测在既定条件下自己会做出怎样的道义选择。在心平气和的情况下，比如坐在客厅里舒舒服服地看电视的时候，我们能想象出多种应对方式。但由于缺少紧急情况下的情绪波动，这根本无法预测未来。

做短期决定时不会从长远考虑，也是同样的道理。从短期来看，我们做决定的时候不会考虑未来的感受。有时候这么做挺管用，尤其是事实证明结局还不错。（以本章开头提到的职员为例，尽管完成任务相当痛苦，但参与新项目最终能让他获益。）但也有时候，我们对未来的预测会给自己和别人惹麻烦。（尽管从事后看来结局糟糕，但我们事先很少能意识到存在问题。）

还有一点也很重要：做决定的时候，你是全神贯注，还是神游天外？这是我们下一章要讨论的问题。

第四章

被无意识控制的生活

"金子未必发光，浪人未必迷茫。"

——J. R. R. 托尔金，英国作家

大多数人在路上会走神

一天晚上，你下班后开车回家，比平时晚得多，脑子里还在想工作的事。开车回家大约需要半小时，其中大部分时间都在高速上。上路后，你很高兴看见车流比平时少得多。工作事务在你的脑子里打转。你突然回想起一件不愉快的事，有个同事竟然指责你暗中给他搞破坏。当时，他的话让你震惊不已，不知该怎么应对，结果出于本能跟他吵了起来。不过，经过几个小时的反思，你忍不住想自己是不是反应过度了。你回想他的用词、表情和语气，想看看自己是不是遗漏了什么。站在他的角度来看，情况肯定跟你想的不一样——要不然，他怎么会提出那么荒谬的指责？再说了，他这人平时还挺讲道理的呀……想着想着，你突然发现已经快开到家门口，马上就要驶入屋前的车道了。

如果你觉得这个场景似曾相识，跟你一样的人还多着呢。某些时候，我们会觉得时间莫名其妙就过去了，完全想不起自己是怎么从一个地方跑到另一个地方的。当你意识到这一点的时候，可能会陷入焦虑，担心自己进入“自动驾驶”模式时会出现问题，比如把车开到马路牙子上，要不就是不小心撞到别人。

为什么我们的大脑喜欢开启“自动驾驶”模式？认知科学家对此很感兴趣。最新研究显示，大多数人走路的时候，有 30% 到 50% 的时间都在神游天外。同样令人震惊的发现是，“做白日梦”是一种重要的适应功能。但就像其他许多适应功能一样，我们越是纵容它，就越容易犯错误。

神游天外

人们研究白日梦背后的神经构造最多不过十年。在此之前，以耶鲁大学的杰罗姆·辛格为代表的一大批学者都认为，白日梦不仅仅是大脑系统的小故障，而是发挥着某种作用。但他们一直找不到支持这个理论的铁证。通过呈现人们做白日梦时大脑活跃的区域，脑成像技术填补了这项空白。具体来说，当大脑切换到“自动驾驶”模式时，通常所说的“默认网络”（default network）就会特别活跃。这张由神经元组成的大网遍及脑中三大区域：内侧前额叶皮层、后扣带回皮层和顶叶皮层。当我们没有关注任何感兴趣的东西时，“默认网络”就会被激活。换句话说，它其实一直在后台运作，但只有当我们没有关注特定事物时，它才会从幕后走上台前。

至于这个网络为什么会存在，众多理论流派提供了不同的解释。但在我看来，最有说服力的解释是，“默认网络”是自我认知不可或缺的一环。设想一下，如果你必须时刻关注外界，自然无暇探索内心世界。只与外界环境互动的你，将永远无法与自己的内心互动，也无法在不全神贯注的时候处理信息。而“默认网络”允许我们在走神甚至睡觉时消化信息。俗话说，带着问题睡上一晚，醒来就能得到答案，这并不是无稽之谈。我们的大脑确实能自动解决问题。正如喜剧演员约翰 · 克里斯所说：“我上大学的时候……会带着问题入睡……等我醒过来的时候，不但解决方法有了，连头一天的问题都不记得了。真是搞不懂，我头一天怎么会想不出解决方法。”

我们还知道，压力、厌倦、混乱环境、缺少睡眠都会激活“默认网络”。根据哈佛大学心理学家丹尼尔 · T · 吉尔伯特的研究，虽然人有46%的时间都在走神,但进入默认状态时我们会不大开心。很难说为什么会这样，可能跟我们走神时经常回想紧张的情况有关吧。不管我们处于“自动驾驶”模式时是否开心，显然大脑喜欢进入这种状态。即使其他条件不变，小酌几杯也能达到目的。

从好的一面来看，研究指出，走神与创造力紧密相关，尤其是那些能把自己从白日梦里拽出来的人。进可脚踏实地，退可神游天外，这是最有效的自保手段，使我们得以逃离不健康的外部环境，在自己选择的精神空间里休憩。在那个空间里，我们可以不受拘束地思考问题，在无边无际的画布上恣意涂写。哲学家伯特兰 · 罗素在《幸福之路》（*The Conquest of Happiness*）一书中就说过：

“如果一个人能靠自己感兴趣的东西（比如星星的演变史）忘记烦恼，那么当他回到冷漠的人世间，就已获得了内心的宁静，能以最佳途径应对烦恼。”

忙碌时开心，懒惰时不爽

如果你看过20世纪80年代播出的儿童节目《布偶奇遇记》（*Fraggle Rock*），那你一定还记得那些不停搭建东西的小家伙——“杜泽尔”们。不幸的是，懒惰的“弗拉戈”们虽然不吃它们，却爱拿它们搭的东西当点心。“弗拉戈”们只要肚子饿了，就会把“杜泽尔”的劳动成果毁掉。但“杜泽尔”们似乎毫不在乎，每天仍然努力搭建。心理学研究显示，如果我们能像“杜泽尔”们一样，生活会变得更美好。然而，我们往往更像“弗拉戈”们。在一项研究中，参与者需要做出选择：是把填好的调查问卷送去某个地方，走过去需要花15分钟；还是把调查问卷拿到屋外，然后坐着等上15分钟。无论选哪个，得到的奖励都是一根巧克力棒。68%的人选择拿到屋外，然后坐等。当奖励换成另一种巧克力棒时，59%的人愿意出门走一趟。（即使所有参与者都认为两种巧克力棒同样诱人，这个结果仍然成立。）事后，出门走一趟的参与者比坐着干等的参与者快乐得多。显然，懒惰是我们的第一天性，但如果有理由让自己忙碌起来，即使这个理由其实毫无意义，我们也会动起来，进而变得更快乐。但在你寻找忙碌的工作之前，请记住，人类存储能量的天性是进化而来的，很难克服。不管你信不信，懒惰其实很有用。

迷失在白日梦里

如果纵容大脑整天做白日梦，也会出现潜在的问题。心理学家甚至发明了一个术语，叫作“穷思竭虑”（obsessive rumination）。穷思竭虑的人容易迷失在自己创造的世界里。这种世界会让人感到自由，进而沉迷其中，有点像靠角色扮演游戏逃避现实（下一章会讨论这个问题）。

穷思竭虑有多种表现形式，有些有针对性，有些比较发散。有些人在神思恍惚的时候多少能控制自己的思维，有些人则只能漫无目的地飘在云端。一个人越能控制白日梦的走向，就越能将思绪拽回当下，就像罗素描述的那样。做起来可比听起来难多了，因为我们没意识到自己在走神的时候，“默认网络”的活动最剧烈。这是不列颠哥伦比亚大学研究人员研究注意力相关神经回路得出的结果。思绪飘得越远，想的事越复杂，脑子里就越容不下其他东西。

值得注意的是，在我们喝酒的时候，也会发生类似的情况。你有没有过这种体验——两杯酒下肚，脑子就昏昏沉沉的？如果你记不得有这种事，可能是因为你喝得太多了。研究显示，酒精能让我们神游天外，同时意识不到自己已经喝迷糊了。这就是放大版的“白日梦”。正如我们看到的，大脑喜欢进入这种状态。

研究还显示，穷思竭虑的人容易沉湎于负面想法和消极情绪。事实上，穷思竭虑和抑郁症有密切联系。反思自己犯下的错误、伤人的言论、紧张的局面，让它们在脑海里一遍遍回放，就像卡在了自导自演的自虐电影里。这种电影一旦开始，就很难停下，因为即使白日梦充满负面思维，大脑也乐于沉醉其中。

我们接下来要讨论的，是与这种倾向一脉相承的东西——逃避现实的动力。

第五章

沉迷与逃避现实

“切记，毋因追逐幻影丢失实物。”

——伊索，古希腊哲学家、寓言家

网络初兴

我还清楚地记得第一次看见图形化万维网时的情景。历史性时刻通常意味着历史性悲剧，但那一次展现的科技改变了全世界，让世人喜忧参半。

当时是 1993 年，我还是佛罗里达大学交互媒介实验室的学生，跟一小群同学一起见证了当时被称为“万维网图形界面”的 Mosaic 浏览器。当时只有极少数人知道网络这个东西。当时的网络界面还是纯文字、单色的，对普通人没多大吸引力，只有寻找信息和使用电子公告板的人会屈尊用一下这玩意儿（想象一下只有 2400 波特的调制解调器）。但要让全世界的人注意到它的存在，必须发生点大事才行——必须有轰动性效应，才能让新技术走进千家万户。这一回，真的发生大事了。

当画面出现在屏幕上，我们都惊讶得说不出话来，简直不能相信眼前的东西。作为媒介科技专业的学生，我们熟知媒介发展史，也深知新媒介的潜力。所以，我们很清楚，自己见证的是技术领域的一次重大革新。

当时没有证据显示这次革新会影响全人类，甚至影响到我们的子孙后代。有谁能猜得到呢？媒介发展编年史记录了不少改变历史的革新，却不曾提到如此高度沉浸式的科技，尤其是能媲美人类思考速度和思考能力的科技，会带来什么样的影响。

当然，人们对此有各种各样的预测，本书不可能一一列举。为了证明我们的结论，只需关注其中一个就够了。虽然从 1993 年到现在不过几十年，但那个推测已被证明是不可能实现的。

在讨论沉浸式电子媒介（比如游戏、网络等）及其影响之前，我想先回到 Mosaic 震惊世界之前的几十年，回到人们用高科技手段逃避现实之前。那个时候，最流行的是“龙与地下城”，一种要靠规则手册（实实在在的纸质书）、骰子、纸和笔来玩的桌游。“龙与地下城”无疑是当时最能让人沉浸其中的游戏。它的名字会让外行人感到恐惧，觉得危险。在某些人看来，这款游戏简直是魔鬼。每隔几个月，就会有新闻报道称“龙与地下城”的年轻玩家跳楼，要不就是在游戏的潜移默化下刺伤其他玩家。基督教电视台毫不留情地批判这款游戏，说它肯定是魔鬼路西法亲手打造的。

大多数宗教方面的反应是大声说教。“龙与地下城”成了所有宣教者攻击的目标，其中许多批评都荒谬不堪。但不可否认的是，“龙与地下城”确实拥有某种魔力，能给玩家带来身临其境的狂热体验。

成功的角色扮演，无论是什么形式的，都是让参与者设想出脱离日常生活的身份，同时提供一个变化莫测、充满互动的世界，供参与者前往探索。平凡无奇的现实生活令人厌倦，新身份则开启了虚幻世界中的无限可能。无须关心吃喝拉撒，仅凭想象即可生活，这给人的诱惑怎么说也不为过。值得注意的一点是，我们每个人生来就能“创造”另一重身份，这重身份总会找到展现方式，无论是通过角色扮演，还是能满足这一需求的其他体验。例如，在高速上对其他司机破口大骂的“你”，就不是在办公室里循规蹈矩的那个“你”。这么看来，通过沉浸在某种媒介中展现新身份，对大脑来说并没有什么不寻常的，只不过某些沉浸形式比其他的更有吸引力罢了。

尽管现在看来“龙与地下城”已经陈旧过时，但它在角色扮演游戏界的地位就像苹果的麦金塔电脑在桌面排版界的地位一样。玩家（我十来岁的时候也是其中一员）在其中投入了无数精力，这在不曾沉浸于幻想世界的人看来是无法理解的。他们没有体验过每开一局新游戏，新世界大门就在眼前敞开的感觉。经过多年的咀嚼与反思，玩“龙与地下城”的体验给我上的重要一课是：从某种程度上说，大脑有能力脱离现实。

这一点很值得关注，因为沉浸式电子媒介模糊了“现实”的边界。在角色扮演游戏发展初期，没人能预料到这一点。例如，你也许很难想象，在东南亚的成千上万家网咖里，一天二十四小时都坐满了常客。有些人为了照顾在线游戏里的孩子，把自己的亲生骨肉抛在脑后。当他们对着电脑玩得不亦乐乎时，他们的亲生子女却因为营养不良和脱水慢慢死去。你能想象问题严重到政府要颁布法律，勒令网咖晚上停止营业，以免网络瘾君子们一坐下就不动窝。这可不是我瞎编的。就在我打出这行字的时候，韩国、越南等国家正在努力研究对策，试图把这种“角色扮演上瘾症”的危害降到最低。

说到电子媒介沉浸，我们的处境相当微妙。不幸的是，大脑总是受到不良影响，后果相当严重。还有其他许多不良影响，当我们还没意识到的时候，就已经迅速占据了大脑。为什么大脑总是渴望对我们没好处的东西呢？

娱乐至死

在着手应对网瘾问题或其他强迫倾向之前，我们需要先花上几分钟，看一看认知科学研究怎么解释大脑为什么喜欢这么做。首先，我们来看看专家是怎么说的。临床心理学家兼精神分析学家陶德·埃希格说过：“所有上瘾行为都带有强迫倾向，但有强迫倾向的不一定是上瘾行为。”这一点非常关键，因为人们很容易把所有强迫性行为都归结为上瘾，无视两者的区别——大众媒体就经常这么做。

埃希格博士还说过：“没有达到上瘾程度的强迫倾向，比如洗手、倒走、节食、塑形、面部抽搐、整容等，也能像吸毒成瘾一样毁掉一个人。”通宵熬夜打电子游戏的韩国网咖常客，究竟是类似吸毒瘾君子、强迫症患者或抽动秽语综合征患者，还是只是习惯被过度强化了，这个目前还没有定论。因此，说某人“有网瘾”和“对网络有强迫倾向”是有差别的，这一点值得注意。

我们知道，大脑里有个奖励中枢，会激励有利于生存的行为，比如获取营养、抚育后代和性行为（这里只提最关键的几个）。当然，还包括有助于人类在现有环境中发展的行为——可以简单称之为“成就动机”（achievement motivator）。没有这种寻找快乐体验的动机和驱动力，人类恐怕早就濒临灭绝了。

这个奖励中枢（全称“中脑边缘奖励中枢”）对我们来说不可或缺。但就像缺乏保护的系统网络一样，它会被外部力量侵入和利用。外部力量会利用同样的奖励回路（全称“动机突显神经回路”，简称 ISC），让我们无论面对什么情况，反应都像面对奖励一样。问题在于，这种新印记通常对我们没有好处。但大脑难以区分这两种奖励，新印记也会融入原有的系统网络。

当奖励中枢里遍布这种有害印记时，我们就可以说某人对某物或某种行为“上瘾”了。这个时候，奖励中枢处于故障状态，这是很难扭转的。现在，我们已经理解了上瘾的神经原理，就不难理解强迫行为同样源于出故障的奖励中枢了。无论是滥用药物、赌博、暴饮暴食还是性爱成瘾，内在机制都是一样的。这种机制会使强迫倾向和相关行为愈演愈烈。

神经科学对上瘾的研究，最初是用我们的老朋友小鼠做实验，验证“刺激奖励中枢会导致强迫倾向”这一理论。研究人员在小鼠脑中渴望快感的区域植入微型电极，然后训练它们按下电极开关，电击会刺激它们的奖励中枢。没过多久，就能看出小鼠爱上那个开关了。事实上，只要有机会按开关，它们就顾不上吃喝拉撒睡，甚至都懒得交配。最后，许多小鼠都筋疲力尽，奄奄一息，没有人工喂食的小鼠甚至活活饿死了——但它们临死都不肯离开开关。

这就解释了为什么兴奋剂和毒品会让人抛弃进食、睡眠和性爱，只为多找点大脑目前最渴望的东西。这也能解释为什么父母会不顾亲生骨肉，只为从在线游戏里获得持续的快感。虽然打游戏和化学制品上瘾的过程并不完全相同，但显然沉浸在游戏中能获得某种奖励，持续追逐这种奖励（比如“抚养”在线游戏里的虚拟孩子）会变成强迫行为。越是追逐奖励，强迫倾向就越明显。

导致上瘾的神经化学物质是多巴胺，尤其是中脑腹侧被盖区（VTA）的多巴胺受体活动。多巴胺通常被称为“奖励神经递质”，是人类生存不可或缺的物质。但当奖励中枢里遍布有害的奖励回路时，多巴胺也会成为我们潜在的敌人。

显然，有些人比别人更容易出现强迫行为。遗传是一个不可忽视的因素。但值得注意的是，从理论上说，只要接触某种物质或行为的次数足够多，任何人的大脑都可能上瘾。一旦上瘾，大脑就为其他强迫行为敞开了大门。这就是为什么一个人往往同时对药物、性爱和赌博上瘾。换句话说，大脑惊人的可塑性（这是一种适应变化的强大能力）会让我们落入陷阱，无法自拔。

沉迷网络

我选择在这一章主要讨论沉浸式电子媒介，而不是其他常见的强迫行为，是因为前者随处可见，而且这种情况今后会愈演愈烈。我们目前看到的，只是不断扩张的网络时代的开端。此外，研究还指出，沉浸式电子媒介会促进强迫行为。

加里·斯莫博士就职于加利福尼亚大学，是塞梅尔神经科学与人类行为研究所的记忆与老化研究中心主任。他在《读心设备》

（*iBrain*）一书中指出，如果将强迫倾向与科技相结合，后果会极其严重。正如他所说，“有强迫倾向的人已经有一系列上瘾行为，而科技会加速这一过程。”这一点很重要，因为尽管不清楚目前有多少人有强迫倾向，但据估计光是美国就有5000万人。就算人数其实只有一半，这个比例也相当可观。这还仅仅是一个国家的情况，尚未包括世界上其他发达国家。

科技对强迫行为会有这么大的影响，也许是因为我们能从在线交流中找到归属感。特拉华大学传播学院副教授斯科特·卡普兰指出：“研究显示，喜欢在线社交而不是面对面交流的人，更容易陷入强迫性网络使用，也更喜欢通过上网来改善心情。”2007年，卡普兰开展了一次针对343名大学生的研究，想弄清“成问题的网络使用”（简称PIU）的主要成因。他考察了个人因素（比如孤独感和社交焦虑），也考察了潜在的强迫行为（比如玩网络游戏、看色情片和在线赌博等），希望弄清哪个因素对强迫性网络使用影响最大。

在以上因素中，社交焦虑的影响最大。“我在研究中提出的观点是，面对面交流存在障碍的人，往往会被在线交流的特点吸引。”卡普兰补充说，“我的假设是，他们随着越来越偏爱在线社交，会开始靠上网改善心情，这渐渐成为了强迫行为。”

有一点很重要：不能对所有人都一概而论。像酒精和赌博一样，有些人一沾就上瘾了，有些人就算接触再多也不会陷进去。上网也是如此。但关键区别在于，跟大多数潜在的强迫行为比起来，几乎所有年龄段的人都会接触到沉浸式电子媒介。正如前面提到的，这种广泛接触带来的长期影响尚不明确。但已有足够的研究证据表明，我们应该谨慎（但不偏激）地应对未来的网络生活。

大脑极度渴望归属感

网络尚未兴盛时，电子媒介的龙头老大是电视。前面提到的证据，有不少就来自对电视的研究。20 世纪 70 年代以来，针对电视效应的心理学研究毫无减少的趋势。即使互联网越来越引人注目，也没有动摇人们研究电视的热情。事实证明，尽管其他娱乐方式迅速发展，电视仍然最能吸引人们的眼球。由于电视陪伴我们已经很久了（跟互联网相比），它至今仍是研究“电子媒介对大脑的影响”的主要对象。

有个研究团队特别关注的是，人们是否会对电视上的虚构角色产生情感联系。纽约州立大学布法罗分校的研究人员做了四次实验，考察这个“社交代替假说”（social surrogacy hypothesis）。这种假说认为，人类会通过科技手段（比如电视）寻求在现实生活中缺少的归属感。根据这个理论，不仅仅是电视，电影、音乐和电子游戏也能满足需求。研究人员根据参与者对最喜欢的电视节目内容的描述，衡量了不同类别的情绪反应，比如自豪感、归属感、孤独感、抗拒感、疏离感。在其中一个实验里，222 名大学生要花 10 分钟时间写一篇文章，陈述自己最喜欢的电视节目，然后再写一篇文章，描述自己没别的可看时才会看的电视节目，或是在学业上取得的重要成就。在此之后，他们要尽可能详尽地把写下的内容说出来。

结果是：写下自己最喜欢的电视节目后，参与者语言表达中流露出的孤独感和疏离感，要远远少于写下垃圾节目或学术成就后流露出来的。这就意味着，我们可以通过电视中的角色满足自己的情感需求。另一个实验的结果则显示，遭遇失恋等人际关系方面的打击时，回想一下自己喜爱的电视节目，就能缓解痛苦——那就像一剂包治心碎的强心药。这些结果验证了一个心理学观点（大多数人可能会觉得有点恐怖）："科技能强化归属感。"跟自己最喜爱的虚拟人物共度半小时，就能让我们心中燃起爱的火花——这听起来似乎有点诡异，但却是千真万确的。

孤独与冲突的神经联系

2009年，社会神经科学家约翰·卡乔波做了一次脑成像实验，试图弄清孤独的人和不孤独的人神经机制有何区别。他特别想知道，那些有"社交孤立感"的人，大脑里究竟发生了什么。"社交孤立感"是一种心理上的孤独，跟在现实生活中是否孤独无关。

参与者躺在核磁共振成像仪中观看一连串图像，有些带有积极暗示，比如快乐的人在做有趣的事，有些则带有消极暗示，比如人与人发生冲突的场面。看过积极的图像后，不孤独的参与者大脑中的奖励中枢要比孤独的参与者活动剧烈。如果消极图像出现是人，而不是物品，孤独的参与者大脑中的视觉皮质反应更剧烈——这就意味着，孤独的人更容易被人类冲突吸引。不孤独的参与者对人、物两种消极图像的反应则没有太大区别。简而言之，有"社交孤立感"

的人看到让大多数人感到开心的东西时反应不大，看到人与人冲突时却反应剧烈。这就能解释，为什么有些人不但沉湎于不快乐的事，还痴迷于别人的情感冲突。

现实与虚拟，界限并不分明

类似的研究结果引出了一个关键问题：大脑是怎么区分现实与虚构的？更重要的是，大脑真的能分清什么是现实，什么是虚构吗？

这个问题是一系列探索的开端。马克斯 · 普朗克人脑与认知科学研究所开展了一项研究，试图弄清在接触真实人物或虚拟角色时，大脑分别有什么反应。该研究是在2008年一项类似研究基础上进行的，那项研究名为“见小布什与见灰姑娘：在现实生活中区分真实与虚构时的神经反应”。

在2008年的那项研究中，研究人员将参与者置于三类情境中：1. 亲朋好友（高度相关组）；2. 名人（中度相关组）；3. 虚拟人物（低度相关组），然后用核磁共振成像技术（fMRI）观察他们大脑中各个区域，尤其是中前额叶皮质（amPFC）和后扣带回皮质（PCC）的反应。他们提出的假设是，接触与“高度相关组”有关的内容时，中前额叶皮质和后扣带回皮质会比较活跃。

上述的研究显示，在进行自我反省和自传式回忆（也就是大脑中关于“自我”的部分）时，中前额叶皮质和后扣带回皮质扮演着重要角色。当前研究提出的假设是，与真实人物有关的信息会引发大脑的自我反省和自传式回忆，与虚拟人物有关的信息则不会。信息越私人化，反应越强烈。实验结果印证了这个假设，“高度相关组”的参与者前额叶皮质和后扣带回皮质确实更活跃，大脑中其他一些区域也出现了同样的情况。换句话说，对大脑来说，现实就相当于“跟我们有关的东西”。

但我们是怎么跟电视或电脑中的虚构（或虚拟）角色建立感情联系的？要回答这个问题，就得分析日常生活中“跟我们有关的东西”到底有哪些。事实上，比起自己身边实实在在的人，大多数人更熟悉电视或电脑中的人物。

社会神经科学家约翰·卡乔波针对孤独感的研究为我们打开了一扇新的大门，有助于我们了解这种见不得光的情感。他发现，我们虽然生活在一个实时互动的时代，但越来越多的人表示比以前更孤独了。卡乔波指出，孤独感跟我们身边围绕着多少人没关系。无法在人际交往中找到自己需要的东西，这才是造成孤独感的真正原因。他的研究表明，在线游戏中的虚拟人物和电视里的虚构角色，其实是用来满足情感需求的替代品。这些东西占据了大脑中的模糊地带，让大脑难以区分现实与虚构。我们越是依赖这些虚拟人物和虚构角色寻找“情感联系”，大脑就越会将它们视为“跟我们有关的东西”。

换句话说，大脑很容易上当受骗。有讽刺意味的是，我们自己正是设下圈套的同谋。作为受需求驱使的动物，我们一直在寻找满足自身需求的捷径，不管它是什么形式。而沉湎于电子媒介是目前（除了酗酒、吸毒之外）最容易走的一条路。

人之初，如白纸

关于媒体影响的讨论始终甚嚣尘上，持正反两方观点的都大有人在，一不留神就会陷入无可救药的荒谬境地。严格来说，任何形式的媒介都不会“导致”人类行为，除非你相信早已被抛弃的陈旧观点——人之初，如白纸。我们将错综复杂的心理因素纳入了媒介体验，心理因素与我们看到、听到、读到的东西发生互动，这才对思维和行为造成了影响。对有些人来说，这种影响是潜移默化的，自己根本意识不到。但对另一些人来说，这种影响可谓石破天惊，具有极大的破坏作用。

要记住，是人类自己选择沉湎于某种媒介或事物之中的。当外部力量掌控奖励中枢时，我们就会产生角色扮演或其他逃避现实的想法。本书篇幅有限，不足以详细解释人们为什么会这么做。值得一提的是，世界上已经有许多能引发强迫倾向的东西了，将来只会越来越多。做事之前好好掂量后果，而不是疑神疑鬼、盲目接受，这么做绝对有益无害。

第三部分

动力、克制与后悔

第六章

发动你的懒惰引擎

“响雷很好，响雷令人惊叹，但真正办事的是闪电。”

——马克·吐温，美国小说家

打破体制束缚

我想向大家介绍一位神奇的专家。这还要从麦克上高中的时候说起。用20世纪80年代的话来说，他是个“懒鬼”。他经常逃课，偶尔上一两次课还迟到。他唯一不会错过的就是派对，派对上总能看见他的身影。他通宵不睡，疯玩疯闹，差点就要被学校开除了。

很少有人知道，这个年轻人其实很有抱负：他想学习所有跟激光有关的知识。从很小的时候起，他就对光线着迷。无论是手电筒还是荧光灯，他都充满好奇，想知道它们的发光原理。他觉得学校无聊透顶。在他看来，真正的教育源于读自己想读的书。有时候，他会在当地图书馆泡上好几个钟头，读关于激光技术的书，了解激光的原理、应用和未来发展。

同样很少有人知道的是，他是典型的懒惰型天才——低分高能。上学的时候，他想越过及格线都很难；但参加大型考试的时候，他不做任何准备都能考出好成绩。他就是这么考上大学的。在大学里，有了想学什么就学什么的自由后，他终于一鸣惊人。由于表现十分优异，他最终被卡内基梅隆大学的激光技术硕士项目录取，师从世界上最著名的几位激光专家。他还没毕业，就开始为电脑硬件厂商研发特殊激光配件了。最后，他创办了三家公司，致力于研发定制款激光配件。

如今，他已是世界上最顶尖的激光专家，也是激光应用领域的先驱，做出了大多数人难以想象的贡献。他的公司与世界上众多大企业携手合作。可以说，他在帮助人类设计未来。

麦克的故事说明了一个道理：我们所处的环境不一定适合我们发挥潜能。在学校成绩不好的人，哪怕特别聪明，如果自身兴趣和热情得不到开发，最终也可能失败。我们的教育体制里偶尔会涌现一两个像麦克这样的成功案例，但大多数时候，这样的人只会一败涂地。麦克这样的人如果不想办法应对体制弊端和自身缺点，最终只会泯然众人。不过，麦克全身心投入自己从小就感兴趣的领域，从而解决了这个问题。

从更深层的角度看，大脑生来就不愿意向我们所处的体制发起挑战。你可以把教育体制（或其他体制）想象成为我们这样的人营造的环境。事实上，学校正是一种特别营造的学习环境。一旦我们成为环境中的一员，大脑就会开始绘制地图，确保我们能找到合适的位置。等地图绘制完毕，任何改变都会带来不稳定感，而不稳定感对“大脑”是种威胁。

那么，像麦克或现实中类似的“差生”，是怎么从高中都差点毕不了业，变成某个领域的顶尖专家呢？这就引出了本章要讨论的第一个问题。

汝之蜜糖，彼之砒霜

有了麦克的例子做铺垫，接下来就可以看看你属于哪种人了。如果我请你用 1—10 给自己打分，1 代表懒散度日，10 代表渴望做出一番成就，你会给自己打几分？我们过一会儿再回头聊这个问题，先来看看一个老生常谈。

人们普遍认为，成功者做什么都出色，尤其是他们确信“想要做到完美，就得拿出最佳表现”的时候。我们也知道，失败者总是缺乏动力，只能在成功者身后扬起的尘土里咳个不停。跟所有老生常谈一样，这个说法也有局限性。佛罗里达大学的威廉 · 哈特开展的研究就揭示了这个说法的一大致命缺陷。

研究人员做了各种各样的实验，评估参与者对成功的态度如何影响他们的表现。其中一项实验中，参与者会看见电脑屏幕闪过一系列跟成功有关的词，比如“胜利”“卓越”等。每个词都一闪即逝，让人来不及思考。看完这些词后，参与者要做一些任务。跟对取得成就不感兴趣的人比起来，想做出一番成就的人明显表现出色。

另一项实验中，参与者会在填字谜时被打断，可以选择是继续填字谜，还是换成他们觉得更有趣的任务。跟对取得成就不感兴趣的人比起来，想做出一番成就的人更愿意继续填字谜。

上述实验结果似乎验证了我们对两种人的普遍看法，但最后一项实验偏偏跑来捣乱。参与者先要看一系列跟成功有关的词，比如“胜过”“竞争”“赢得”等，然后去填字谜。但研究人员没有告诉他们这是一次正经的测试，只说这很“有趣”，随便玩玩就好。

结果，跟对取得成就不感兴趣的人比起来，想做出一番成就的人明显表现较差。

研究人员相信，当想做出一番成就的人在看过成功相关词汇后，“任务有趣”这个说法削弱了他们的求胜欲。如果某件事好玩又有趣，怎么能成为衡量成功的标准？与此相反，对取得成就不感兴趣的人在看过成功相关词汇后，会觉得“有趣”的任务值得一做。他们不但有了动力，表现也提升了。

这个有趣的“大逆转”能够说明，为什么单一教育模式往往会失败。有趣的学习方式会让想追求卓越的学生表现不佳，严肃的学习方式则会让其他学生表现不佳。

回到最开始的那个问题：不管你觉得自己是懒散度日的人，还是追求卓越的人，都不该逼自己钻进不符合自己性格的窠臼。可惜我们所处的体制（不管是教育体制还是其他体制）往往没有意识到这一点。因此，要用哪种方式激发自己的最佳表现，通常取决于我们自己。

关键是要记住，大脑天生就不愿向体制发起挑战。跟既有观念正面交锋只会破坏稳定性和一致性，导致大脑发出警报。你可以听从警报，就此住手，也可以勇往直前，找出应对方法。例如，你可能属于缺乏工作动力的人。你也许在拼命挣扎，与其作斗争，但过程无比煎熬。现在，是时候弄清自己属于哪种人，哪种动机更适合你了。如果你觉得自己更像懒散度日的人，那么不妨扪心自问：我在工作中有没有找到足够的乐趣？

其实解决方法可以很简单，比如在工作的时候听听音乐。或许稍微复杂一点，比如隔上一段时间就放下手头的活，站起来到办公室外面走走，找同事聊聊电影和音乐，或是其他能给你带来乐趣的东西。又或许，你需要好好审视一下手头的工作，看怎么安排才能减轻繁重任务带来的压力。好好发挥创意，寻找解决方案吧！

如果你发现工作老是做不完，总是需要回家加班，不妨改变看问题的视角，扪心自问——我老是做不完事情，是不是因为没有找到适合自己的动力。如果你喜欢做园艺，觉得那是一种既有趣又悠闲的消遣方式，但很讨厌整理车库，那么不妨适当调整一下。例如，星期六花 3 个小时整理车库，星期天就可以把车库抛到脑后，尽情享受在花园里劳作的乐趣。花时间做你喜欢的事，事实上变成了一种奖励——奖励你做了自己讨厌的事。

时下流行的成功学说法是：只要有足够的渴望和意愿，就能找到动力。我们很容易被这个说法绕进去。事实上，缺乏“取得成就”的渴望，并不意味着你就无法取得成就，更不意味着你缺乏“取得成就的能力”。研究显示，你只需要一点创意就行。这么一来，实现目标不但会变得更简单，还会让你心甘情愿去付出行动。请记住，大脑喜欢选最平坦的道路，因为那条路上威胁最少——但通常来说，那条路无法让你取得伟大成就。

攀比是最大的竞争动力

再来看看另一个影响动力的因素，弄清你属于哪一种竞争者。你是喜欢单枪匹马出击的“独行侠”，还是在大战之前先要掂量对手斤两的人？如果你觉得自己属于后者，那么大多数人都跟你一样。传统观念认为，我们最强大的竞争动力是“社会比较”（social comparison）：一旦我们开始跟别人做比较，竞争就开始了。不管这么做有多大风险，我们内心总想分出个高低。

不过，密歇根大学心理学教授斯蒂芬·加西亚的研究显示，这种竞争欲并非空穴来风。仅仅处在一群竞争者中间，无法让我们产生强烈的竞争欲。竞争者的数量才是直接影响因素。大脑不愿让你参与竞争，会给你设置障碍，促使你回到没有竞争的舒适环境中。

我们来看一个例子：杰西卡在教室里找了个位置坐下来，教室里还有另外 10 个学生。她环顾四周，评估所处的竞争环境，觉得自己跟这一小群人比胜算很大。老师把粒子物理学试卷发了下来，杰西卡充满干劲，打算成为班里成绩最好的人。

杰森在另一间教室里考试，那间教室比杰西卡所在的教室大多了。事实上，它比杰西卡的教室大了近 10 倍。杰森好不容易才在 100 多个学生中间找到座位。他瞧着这个阵势，心里直犯嘀咕——我怎么比得过这么多人嘛！老师把试卷发了下来，杰森答卷时心里没底，毫无干劲。

跟干劲十足的杰西卡比起来，杰森显然缺乏竞争动力。这就是心理学家所谓的“N 效应”——竞争者众多会打击个人的积极性。研究人员通过五项研究测试了这种效应。第一项研究关注过去几年里参加美国高考（SAT）和认知反射测试（CRT）的人数和分数的关系。研究人员发现，在其他影响因素完全一致的情况下，考生人数和分数呈明显的负相关关系：参加考试的人越多，分数越低。另一项研究中，研究人员请参与者尽快交卷，看他们是跟 10 个人竞争时交卷更快，还是跟 100 个人竞争时交卷更快。结果不出所料，跟 10 个人竞争时，分数最高的参与者完成问卷的速度明显加快。

为什么自我意识会带来动力？

怎么才能避免“N 效应”影响你的竞争动力？跟许多难以察觉的影响因素一样，解决方法就是尽早意识到这种效应，在你认输或者屈服之前就让它失去作用。换句话说，就是让自己比没意识到的时候更加理性。

例如，你去参加某个职位的面试，一进大堂就发现已经有 6 个应聘者在等着了。你坐下后，心里开始犯嘀咕：如果这 6 个人也是来面试的，很可能还会有其他人来。也就是说，应聘人数远远超过你的想象。你的第一反应是，这下可惨了，我得到这份工作的机会越来越渺茫了。这种想法会严重动摇你的信心，让你的竞争动力荡然无存。

但你及时遏制了这个念头：“要是我不知道有这么多人来参加面试，我还会突然失去干劲吗？我知道还是不知道，又有什么区别呢？”事实上，只有一点发生了改变，那就是你意识到至少还有 6 个人会跟你竞争。了解这个事实后，难道你的能力、技巧、经验就会比之前差吗？当然不会。如果你能充分发挥自身潜力，竞争力不会有丝毫减弱。意识到这一点后，你就昂首挺胸地去见面试官，拿出最佳表现去争取职位了。果不其然，你的表现异常出色。走出大楼后，你深信自己不久就会接到聘用通知。

反馈越快越好

再来看看另一个影响动力的因素——绩效反馈。有观点认为，积极反馈会增加动力，消极反馈则会减少动力。另一种观点则认为，至少对有些人来说，消极反馈会增加动力，因为它提供了需要克服的挑战。这两种观点没什么好争的，因为每个人的情况不同，两种观点都有适用的时候。至于收到反馈的时机（或者更准确地说，我们期待收到反馈的时机）对动力的影响，就没有这么清晰明了了。

例如，你正在为一场重要考试做准备，届时会跟 100 多个同学一起参加考试。（如果你愿意的话，也可以想象成高管培训考试、资格认证考试，随便什么都行。）考试前几天，你发现老师试后不久就会去度假，只要一两天就能给出分数和反馈。这种情况不大常见，因为老师通常会等上一个星期或更长时间才给出反馈。班里有一半学生知道马上就会出成绩，另一半则认为考试后还要过好几天才能出结果。

你猜哪组学生在测试中表现更好？

你可以害怕失利，但不能失去全局观

手心冒汗，嘴唇紧抿，双拳紧握，膝盖颤抖，思维混乱——当有失利的危险时，人们会产生这些情绪反应。这看上去是自然而然的事情，每个人都有这样的时刻。但有一项研究显示，我们可以影响这些情绪反应的剧烈程度，也可以调整自己对失利的厌恶程度。简单来说，解决方法就是：像证券交易员一样思考。老练的证券交易员在有可能失利的时候，会注意不要失去全局观。他们会把失利看作是游戏的一部分，而不是游戏的终结。他们能够理性地接受，既然是冒险，就肯定有失利的可能。

研究人员想考察的是，认知调节策略（比如改变思维方式的策略，就像证券交易员用的那种）能否影响对失利的厌恶程度，以及面对失利时的生理反应。研究人员会给参与者 30 美元，他们可以拿去赌博（有可能输掉），也可以留下来。理论上，他们最多能赢得 572 美元。但如果输了的话，这 30 美元就没了。他们选择的结果会即时呈现（比如“你赢了”）。参与者要做整整两组测试，每组包含 140 个选择。在第一组测试中，研究人员会告诉参与者，他们的选择跟其他一切因素无关（“就像这是你唯一需要考虑的事”）；在第二组测试中，研究人员会告诉参与者，他们的选择是某件大事的一部分（“就像在做投资组合一样”）。换句话说，那件“大事”（换个角度看问题）成了认知调节策略的基础。

研究人员做了两次实验：第一次主要观察参与者的行为，第二次既观察行为也做皮肤电反应测试（监测交感神经兴奋程度），来测定参与者的情绪变化程度。结果是，运用认知调节策略的参与者对失利的厌恶程度大大降低。最重要的是，只有通过转换视角坦然接受失利的人，面对失利的生理反应才有明显减弱。所以说，认知调节策略能让人减少对失利的厌恶程度，从而减少手心冒汗。

这个问题是阿尔伯塔大学的研究人员凯利·凯托和杰拉尔德·豪博提出的。他们提出的假设是，很快就能收到反馈的一组表现会更好。此前的研究表明，当能迅速得到反馈的时候，让自己失望的威胁也随之增加。为了规避达不到预期时的糟糕感觉，人们会产生潜在的动力，促使自己拿出更好的表现。

在这项研究中，学生要做一次令人头疼的测试——公开演讲。研究人员分别在测试前一天、前八天、前十五天给不同的学生发邮件，提醒他们演讲的时间，并告知什么时候能出成绩（演讲将以百分制打分）。接下来，研究人员请学生对自己的成绩做个预测。共有 271 人参与这次实验，年龄从 18 岁到 32 岁不等。

结果跟研究人员事先推测的一样：得知很快就能得到反馈的参与者得分最高。令人惊讶的是，每组参与者的得分天差地别。认为很快就能得到反馈的学生，要比认为好几天后才能得到反馈的学生高出 22 分之多。

与此同时，学生们事先做的预测则恰恰相反。预测自己表现最好的学生，实际表现最差。预测自己表现最差的学生，实际表现最好。

出现这个结果的原因是，最担心让自己失望的学生，也就是认为马上就能得到反馈的人，更有动力去好好表现，同时会适度降低个人预期，以免得到坏消息时难以承受。换句话说，好好表现的动力和悲观的预期并不矛盾。事实上，两者的搭配相当完美。

其他学生则认为，就算成绩会让自己失望，反正也要过很久才会收到。因此，就算他们觉得自己可以做得更好，也没有认真做准备。我认为，从这个实验中可以得出一条实用建议：无论处于人生哪个阶段，当你面对考验时，都应该想象马上就能得到反馈，并采取相应的行动。“担心让自己失望”会让你保持警觉，时刻准备出击。

如果你在做准备时产生了悲观情绪，也不用觉得很糟糕。最好把它看作是大脑在提醒你，要为未来的失败做好准备——因为失败会让大脑不高兴。正如前面提到的，你可以选择听从这个警告，但这么做并不能帮你拿出优异表现。

坦诚相见

到目前为止，我们已经讨论了你属于哪种人、属于哪种竞争者，也探讨了反馈时机对动力的影响。显然，动力的增减取决于一系列我们能确定的因素。这么一来，我们就能更好地掌握成功的秘诀。接下来，我们再讨论一下，公开宣布自己的意图（就像许多励志建议说的那样）是否真的有助于增加动力。就以美国上流社会最关注的话题——减肥为例吧。

许多流行的减肥教程都推崇“公开承诺原则”。减肥者要接受挑战，公开宣布（通常是对一小群同样在减肥的人）自己想在一定时间内减肥多少斤。公开承诺会带来社交压力，减少失败的可能性。如果他没有达成目标，或者没点实质性进展，那么所有人都会知道。

从表面上看，这个原则似乎挺靠谱，因为没有人愿意当众出丑，或被视为说话不算话。但在实际操作中，这个原则存在缺陷。要让公开承诺原则发挥作用，减肥者就必须害怕别人的指责。然而，并非所有人都怕这个。

研究人员普拉山特·U·内尔和斯蒂芬妮·戴兰德做过一项实验，考察“公开承诺”对害怕社交指责的人（也就是心理学家所说的对“规范性影响”高度敏感的人）会有什么影响，对不容易受他人意见左右的人（也就是对“规范性影响”不敏感的人）又会有什么影响。实验还考察了短期公开承诺、长期公开承诺、没有公开承诺这三种情况带来的影响。

实验共有 211 名女性参与，年龄从 20 岁到 45 岁不等。她们要参加一个为期 16 周的减肥计划，预计每人能减掉 14 ～ 18 斤，事后体重还会继续下降。所有参与者都填写了测试“规范性影响”敏感度和个人减肥意愿的问卷，然后被随机分为三组：短期公开承诺组、长期公开承诺组、没有公开承诺组。长期公开承诺组要把自己的名字和减肥目标写在卡片上。在她们的整个减肥过程中，这张卡片都会在健身房里公开展示。短期公开承诺组也要写卡片，但卡片只在前 3 周公开展示。没有公开承诺组则不需要写卡片。

实验结果是，长期公开承诺组的减肥效果最明显。她们比其他两组人减掉的体重都要多。到第 16 周，长期公开承诺组平均实现了预期目标的 102%，短期公开承诺组和没有公开承诺组分别实现了 96% 和 88%。

“规范性影响”敏感度的影响也很明显。长期公开承诺组中敏感度低的参与者，也就是不怎么在乎社交压力的人，平均实现了预期目标的 90%。与此相比，敏感度高的参与者平均实现了预期目标的 105%。

实验证明，“公开承诺原则”通常来说还是挺管用的，尤其是长期公开承诺。但在做出公开承诺的人里，害怕社交指责的人（这可不是什么值得推崇的性格特征）更容易取得成功。具有讽刺意味的是，不怎么在乎别人看法的人反倒表现不佳。

倾听内心的声音

你是不是那种总告诉自己“你不可能有所成就”的人？你的内心（也就是渴望稳定性的大脑）是不是总在说“现实点吧，你办不到的”？或许，你烦透了媒体成天宣扬的“积极自我暗示”，觉得唯一值得听的就是叫你“现实点”的声音。

无论你对积极心理学和它的衍生产品有什么看法，我想说的是，一项可靠的研究得出了结论——内心的声音值得一听。伊利诺大学的多罗瑞斯·阿尔巴拉辛教授及其团队开展的研究显示，事先问问自己能否做成某件事的人，通常比告诉自己能做成某件事的人表现更好。

但首先，我要扯个题外话。如果你家孩子年纪还不大，你大概很熟悉动画片《巴布工程师》（*Bob the Builder*）。巴布是个积极乐观的小家伙，对待建筑和修理一丝不苟。每次接下任务之前，他都会振臂高呼：“我们行不行？”他的团队则会高声回答：“我们一定行！”现在，再来看看儿童绘本《小火车头做到了》（*Little Engine That Could*）。小火车头的座右铭是：“我觉得我能行，我觉得我能行……”简而言之，接下来要讨论的研究是想弄清，这两种做法哪种效果更好。

研究人员让50名参与者分别采用两种做法：或是花一分钟时间扪心自问“我能不能完成任务”，或是告诉自己“我能完成任务”。在拼词任务（调整字母顺序，组成新的单词）中，事先问问自己能否完成任务的人，要比告诉自己能完成任务的人成功率高。

在另一个实验中，研究人员让学生们分别用“我能……”或“我能不能……”的句式，写下两个看上去毫无关联的句子，然后完成同样的拼词任务。如果参与者写下的是“我能不能……”，即使他们不知道接下来要做拼词任务，成功率也会高一些。换句话说，问自己“我能不能行”要比告诉自己“我能行”更能带来动力。

这个实验告诉我们，内心的声音其实有一定的道理。告诉自己“我能行”其实没多大意义，问自己“能不能行”则会带来显著成效。对自己说话的时候，请把注意力放在问题本身，而不是预想的答案上。这么一来，解决问题的动力就会油然而生。如果你想走捷径的话，不妨想想工程师巴布的座右铭。

跟动力同样重要的是盯紧目标，以及向着目标前进的自控力。在下一章，我们将讨论这些问题。

第七章

用神奇画板写下承诺

“我能抵制一切，除了诱惑。”

——奥斯卡·王尔德，英国作家、诗人

这次我是真的发誓!

罗伯特是一位备受推崇的药理学家，在佛罗里达州奥兰多市开了一家糖尿病诊所。许多病人都不愿意定期注射胰岛素（理由很显然：打针又疼又丢脸），但又没法通过其他方法控制血糖含量。减肥成了他们减少胰岛素依赖的唯一希望。病人总是求大夫再给自己一次机会，说自己会好好减肥，这样就不用打针了。根据药理学家的经验，如果他不加以阻止，这个恶性循环将永无止境：病人每次来看病都会可怜兮兮地向大夫求饶，信誓旦旦地表示“这一次”自己真的会减肥。

但很少有人能说到做到。他们总能找出各种各样的借口：“我家人刚来玩”“我和妹妹打冷战了”“我刚换工作”“我感冒了”等等。他们的意思是，如果没有发生这些意外，自己原本会合理膳食，多多锻炼的。但是，恶性循环还在继续，他们的健康则每况愈下。

罗伯特对付陷入恶性循环的病人自有妙计。他会“终止游戏”，也就是说，从病人手中夺过控制权，跟他们做个交易。首先，他会跟病人说清楚，他们只有两条路可走：要么减肥，要么注射胰岛素。双方达成共识后，他就会要求病人制定下个月的减肥目标，并承诺达成目标。病人要在约好的日子来测量体重，兑现诺言。测量体重的日期，由病人决定。这一步的关键是赋予病人设定目标的权利。接下来，他会让病人郑重承诺，如果到时没能达成目标，就必须接受胰岛素注射。当时，几乎所有的病人都表示接受谈判条件。

根据多年的行医经验，罗伯特深知，超过 90% 的病人无法减肥成功。但由于目标和时限是自己定的，他们会更容易接受后果。事实上，罗伯特是逼病人直面现实，从而打破恶性循环。如果病人减肥成功，那当然更好。但如果没有，病人至少也能接受必要的治疗。

这就是慢性自控失败的例子。但作为一种干预措施，这么做避免了更糟糕的后果。如果罗伯特不亲自出马，打破这个恶性循环，那么很多病人的结局无疑会更悲惨。

可惜大多数人都遇不到像罗伯特这样的好医生，帮他们避免缺乏自控力酿成的恶果。更糟糕的是，大脑天生就无法提供这方面的帮助。经历过减肥又反弹的人都知道，当卡路里摄入急剧减少的时候，大脑会发出指令，让你减少卡路里消耗，免得自己被饿死（其实你并没有饿死的风险，但大脑可不会考虑这一点）。当你试图控制糖分和蛋白质摄入时，最终反而会摄入更多的糖分和蛋白质，结果增加的体重比减掉的还多。我们每走出一步，大脑就会反将我们一军。说起来挺讽刺的，对吧？毕竟，这一步步不都是大脑想出来的吗？接下来，我们要探讨一些关于自控的例子，看看我们是否真的束手无策。

抵制美食的诱惑

你坚持控制饮食已经六个月了，而且成效显著，不但体重减轻了，也能抑制吃垃圾食品的冲动了。朋友们都对你的减肥成果赞不绝口。事实上，你自己也感觉棒极了。

所以，到了第七个月，你觉得自己的控制力已经够好，不用再远离冰激凌、芝士玉米片、烤鸡翅和碳酸饮料了。你花了整整半年时间扭转对食物的看法，保持下去应该不会太难吧？是时候重新享受生活了！

故事的结局应该就不用我多说了吧？这出典型的悲剧，大家应该很熟悉。这就是所谓的“骄兵必败”。但更常见的情况是，我们过分相信自己的自控力，导致悲剧重演。

斯坦福大学、西北大学和阿姆斯特丹大学的研究人员组成团队，考察为什么我们总相信自己能抑制冲动、抵制诱惑。心理学家称这种自欺欺人的倾向为“自制偏差”（restraint bias），并通过四个实验证明了这种认知偏差相当常见。

其中一个实验中，研究人员随机挑选进出咖啡厅的顾客，向他们展示七种脂肪含量不等的零食，让他们根据个人喜好程度排序，然后选出一种。研究人员告诉他们，想什么时候吃就什么时候吃，但如果在一个星期内归还零食，就能得到5美元的奖励，还能留下零食。选好零食后，参与者会被问到，会不会把零食还回来换钱。接着，参与者还要填写一份问卷，评估他们的饥饿程度和对自己的自控力有多少信心。

走进咖啡厅的参与者都说自己很饿，离开咖啡厅的则说自己很饱。因此，首先要考察的是，吃饱的人是不是对自己的自控力更有信心——结果确实如此。接下来要考察的是，对自己最有信心的饱食者是否会选择最有诱惑力的（也是脂肪含量最高的）零食——他们确实也是这么做的。最后，选择了有诱惑力的零食的人，是不是最不可能在一个星期后把它们还回来？确实如此！

另一个实验中，研究人员谎称要测试老烟民抑制冲动的能力，其实只是把他们简单分成“高自控力”与“低自控力”两组，并将分组情况告诉参与者，故意让他们形成自我认知。

接下来，参与者要做一个游戏，看看抽烟和赚钱哪个更有诱惑力。游戏目标是看一部名为《咖啡与香烟》的电影，观影期间不许抽烟。他们可以选择四种不同的诱惑程度，每一种配以相应的金钱奖励：1、烟放在隔壁房间，可获得5美元；2、烟放在旁边的桌子上，可获得10美元；3、观影过程中手里捏着没点燃的烟，可获得15美元；4、观影过程中嘴里叼着没点燃的烟，可获得20美元。只有在整个电影放映过程中都没抽烟，参与者才能拿到钱。

不出所料，“高自控力”组比“低自控力”组更愿意接受高难度的诱惑。“低自控力”组大多选择烟放在旁边的桌子上，而“高自控力”组大多选择看电影时手里捏着烟。

实验结果是，“高自控力”组的失败率为33%，“低自控力”组的失败率为11%，两者相差甚远。跟觉得自己肯定抵制不了诱惑的人比起来，认为自己最能抵制诱惑的人点燃香烟的可能性整整高出了3倍！

你比黑猩猩更有自控力吗？

控制冲动比看起来复杂得多。在很长一段时间里，我们都以为只有人类做得到。如果你在一群孩子面前放些糖果，告诉他们如果忍着不吃，最后能得到更多的糖，孩子们的表现会很有趣。有些孩子直接选择放弃，抓起糖果就往嘴里塞。有些孩子则会靠玩玩具或画画让自己分心，减弱“推迟满足”带来的沮丧感。这是一种相当高级的解决方法。因此，发现黑猩猩也会这么做的时候，人们感到非常惊讶。研究人员在一群黑猩猩面前放了一小堆糖果，然后隔一段时间加上一些，但黑猩猩够不着。接着，他们给了黑猩猩一些玩具。每隔一段时间，他们就会让黑猩猩接近糖堆。有些黑猩猩发现，等的时间越长，糖就攒得越多。于是，它们通过玩玩具的方式让自己分心，等到糖足够多的时候再过去。黑猩猩会在糖果触手可及的时候把注意力放在玩具上，说明它们确实在让自己分心，好在稍后得到更多的奖励。

上述结果验证了一句老话：我们最大的敌人就是自己。“自制偏差”是极为常见的认知偏差，犯过一次同类错误，并不能保证下次就不会再犯。减肥反弹、烟瘾复发……我们每个人都不止一次遇上过类似的问题。上述研究表明，悲剧之所以会重演，部分原因就在于，我们总会高估自己的自控力。

还有一点也值得注意：有一个行业完全建立在推崇自控的基础上。励志书籍和成功学演说家经常强调一个可疑的观点：只要遵循某某原则，每个人都能实现自控。但上述研究显示，即使你觉得自己“实现了自控”，最终还是会发现，其实“实现自控”根本就不存在。你买下的不过是“觉得自己有自控力”的海市蜃楼。抱歉，无法退款哟！

让别人帮你自控

相处已久的情侣通常能接上对方没说完的话。一段时间后，这就成了所谓“情侣间的小默契”。如果你注意观察，就会发现，当一个人试图回想往事时，伴侣能够帮忙填补记忆空白，这种现象其实很常见。心理学家称之为“交互记忆”（transactive memory），也就是相处已久的伴侣能靠彼此回忆往事。两个人形成了一个“记忆组合”，分享单靠一个人无法完全想起的事。根据大脑的“节能策略”（本书第十章会提到），这种安排其实很有道理。

事实上，自控力也存在类似的情况。这既是好消息，也是坏消息。好消息是，“交互自控”证明情侣之间关系亲密，有助于实现长远目标，例如获得学位。坏消息是，这会导致难以实现短期目标，例如减肥。这是杜克大学和西北大学的心理学家在考察伴侣交互自控（outsourcing self-control）的利弊后得出的结论。研究显示，当某人期待从伴侣那里得到某种程度的支持，以便坚持进行某项活动（比如减肥）时，自己投入的精力就会减少，尤其是那些因为其他事已经耗尽精力的人。除此之外，学业上要靠伴侣帮忙的人，要比单枪匹马上阵的人更容易犯拖延症。

这同样源于大脑的“节能策略”。我们的大脑要消耗很多能量

（人类每天摄入的卡路里中，有 20% 都贡献给了大脑），用的时候却相当吝啬。如果能从外界汲取能量，而不是消耗自己储存的能量，大脑绝不会轻易放过。有讽刺意味的是，正如上述研究显示的，这么做会削弱我们付出努力的决心，在短期内会对自控造成不利影响。（顺便一说，这个结果跟上一章提到的公开承诺原则并不矛盾。在那个例子中，我们是害怕受人指责，所以产生了履行承诺的动力，别人并没有用任何方式帮助我们实现目标。）

靠想象抵制诱惑

想象一下，你面前的桌子上摆着一块美味诱人的比利时巧克力，你想象剥开包装纸，闻到那甜蜜的气味，然后掰下一小块，放进嘴里细细品尝。

除了那些不喜欢巧克力的怪人，我们大多数人看到这样的描述，都会燃起对巧克力或甜食的渴望。事实上，针对自控力的研究发现，描述甚至都不用这么详细。在一项研究中，光是想象把 30 颗 M&M 巧克力豆放进碗里，参与者事后吃下的巧克力豆就会明显增加。

不过，当研究人员让参与者想象吃 M&M 巧克力豆时，他们事后吃的巧克力反倒减少了——想象往碗里放巧克力豆的参与者，事后吃下的巧克力豆是他们的 1.6 倍。大概是因为想象吃巧克力豆和实际吃巧克力豆时大脑的反应差不多。期待吃糖果会增加诱惑，而想象咀嚼并吞下糖果则会减少诱惑。

当然，只要在大嚼甜食之前，想象自己正在吃它，就能让诱惑大大降低。不过，这说起来容易，做起来就难了。

“管它呢”效应，会让人破罐子破摔

我出差时经常遇上这样的场景：在一家高级餐厅里，一大群人围桌而坐。几个人点了些开胃菜供全桌分享，又选了几瓶葡萄酒，给这顿饭奠定格调。开胃菜跟餐前面包一起上桌后，大家传来传去，不一会儿就见底了。接着，沙拉或热汤端了上来，然后是牛排或其他主食。随后是更多的葡萄酒。最后，大多数人还会点些甜点和咖啡，或是来杯烈酒或白兰地。

吃晚餐前，我总会告诫自己：开胃菜最多尝一口，别吃餐前面包，然后点一盘酱料少的沙拉，加上像鱼这样还算健康的主菜，绝对不吃甜点，喝酒不能超过一杯。我会反复叮嘱自己，但真到了吃饭的时候，情况往往会有微妙的变化。开胃菜上桌了，看起来好美味，我似乎也比预料中更饿，所以会先尝上两三口。接着，餐前面包端上来了，我心想：“嘿，反正开胃菜都多吃了，索性就敞开吃吧，管它呢。”等到点主菜的时候，“管它呢”效应又作祟了。我早就忘了原本打算点鱼，直接点了最油腻多汁的牛排。到了这会儿，我满脑子都是“管它呢”，所有自控的承诺都被抛到了九霄云外。当然，饭后甜点和咖啡肯定少不了。

看看我的自控力是怎么一步步消失的吧。我犯下了第一个错误，第二和第三个错误也就不远了。其实，“管它呢”效应不但会影响自控力，还会阻碍你实现目标。珍妮特·波利维及其研究团队通过披萨和饼干实验考察了“管它呢”效应的影响力。研究人员邀请了106 名女性参与，其中有些在节食，有些没在节食。她们被告知要试吃多种口味的曲奇饼，所以事先禁止吃东西。她们一走进房间，就会得到一块披萨（每个人得到的披萨大小相同），然后请去试吃曲奇饼。

不过，研究人员会告诉一部分参与者，她们得到的披萨比别人的大（或者小）。有些参与者会亲眼看到，送往别人房间的披萨比自己的大或小 1/3。换句话说，研究人员故意让她们觉得自己吃的披萨跟别人的大小不同。事实上，所有人吃的披萨都是一样大的。

随后，研究人员会端出三只大盘子，上面堆满了燕麦葡萄曲奇、巧克力曲奇和双倍巧克力曲奇。他们让参与者想吃多少就吃多少，只要能评定曲奇饼的质量就行。参与者不知道的是，盘子在事先事后都会称重。也就是说，研究人员很清楚她们吃掉了多少曲奇饼。结果显示，认为自己吃披萨摄入的卡路里已超出限额的节食者，比没有节食的人多吃了 50%。而认为自己吃披萨摄入的卡路里仍在可控范围内的节食者，跟没有节食的人吃得一样多。

这再次证明了，对目标的期待会影响达成目标。我们觉得自己离目标越远，就越会产生“管它呢”心理，破罐子破摔。这种倾向不仅仅出现在节食者身上。也许你的目标是戒烟，已经有两个星期没抽烟了。某天晚上，你跟朋友去参加派对，不少人都点起了烟。你心想：我两个星期没抽，已经很了不起了，社交场合抽一根也没什么大不了的。夜深了，你的朋友们还在抽烟，派对也渐入佳境。你又想：嘿，反正我今晚已经抽过一根了，管它呢，再来一根呗。

没过多久，你就伤心地发现，自己前两个星期的努力已经付诸东流，戒烟又得从头开始了。

另一种自控力

到目前为止，这一章探讨的东西都跟自控力（或缺乏自控力）有关，但还有一种自控力是我们通常意识不到的。

埃尔顿是一位慈善家，致力于为世界各地的儿童医院筹集资金。有时候，他要跟当地机构合作拟定建造新医院的商业协议，通常是在急需儿童医院的第三世界国家。有时候，他直接跟潜在的资助者合作，向他们介绍哪些医院需要资金，然后负责后勤保障，确保筹集的资金能充分发挥作用。在过去的 15 年里，他为 50 个国家的儿童医院筹集了近 10 亿美元，相当于帮助了 10 多万名原本无法得到及时救治和照料的儿童。

埃尔顿在工作过程中经常遇到道德困境。某些投资者对改善儿童健康的兴趣远远比不上讨好政府以便开拓当地市场。而当地政府为了吸引投资，往往会对投资者做的脏事睁一只眼闭一只眼。这就意味着，享受特权、偷税漏税甚至露骨的违法行为都得到了默许。慈善家对这些事心知肚明。有时候，如果相关行为格外肮脏，他个人的报酬也会猛涨。他当然明白，自己拿的钱不干净，而且本可以拒绝。事实上，他可以废除合作协议，至少拒绝参与其中。但他没有这么做。在他看来，这是出于平衡利弊的考虑。如果他不参与其中，儿童医院就不可能建起来。纵容这些藏污纳垢的行为，甚至时不时收一大笔封口费，其实也说得过去。因为在他看来，自己做的是高尚的事业。

埃尔顿的想法和做法，体现了心理学家在最新研究中提出的“道德自洽效应”（moral self-regulation effect）。也就是说，我们在日常生活中会通过做善事来抵消做坏事（或者什么也不做）造成的影响。当我们通过做善事换得心理平衡的时候，就是在进行“道德净化”（moral cleansing）。当我们什么也不做，或是做出不道德行为（因为我们觉得自己做的善事已经够多，总体上说是个好人）的时候，则是在颁发“道德许可”（moral licensing）。

许多“绿色产品”正是利用人们的这种心理做营销，因为人们购买“绿色产品”时会产生道德优越感。高档酒店请客人重复使用浴巾，也是利用了同样的心理。客人这么做不会有物质上的回报，但会感觉自己“为环保出了一份力”。这种感觉能抵消他们在家从不循环使用物品带来的罪恶感。与此同时，酒店也节约了成本。（我在这里不是要诋毁环保行为，只是举例说明“道德自洽效应”在现实生活中是怎么发挥作用的。）

这就像背景噪音一样——随时随地都在发生，但我们根本不会多想。最重要的一点是，我们利用“道德自洽效应”这样的机制保持心理平衡，让自己觉得轻松畅快。“平衡”让大脑感到快乐，“轻松”则是锦上添花。

在后面的章节中，我还会提到自控力。但接下来，让我们先看一看最容易被人误解的思维怪圈——后悔的怪圈，以及与之相伴的种种情绪。

第八章

“渴望—获得—后悔”的循环

“我看得很清楚，只有两种选择：要么做这个，要么做那个。我的真实想法和忠告是：要么做，要么不做——反正不管怎样，你都会后悔。”

——索伦·克尔凯郭尔，丹麦哲学家

揭开悔恨的面纱

麦迪逊一直没有弄清楚自己到底想不想当律师。她在一家律师事务所待了两年后，确信自己当初是入错行了。她过去对这个行业的期待根本不切实际，或者说，她从一开始对法律的认识就太过天真。她愿意承认这个事实，但这么做并没有让她的日常生活变轻松。做自己不喜欢的工作实在是太难熬了，但她已经在这个领域耗费了太多时间和金钱（还要花很多年才能还清学生贷款），怎么可能突然辞职不干呢？于是，每一天麦迪逊都在悔恨中煎熬。

我相信，看过上面这个例子后，大家都会想起类似的不愉快经历。也许情况没那么糟糕，但每个人一生中总归会品尝过后悔的滋味。大脑将后悔视为一种失败，规避失败则能让大脑感到快乐。但问题在于，后悔是不可避免的，试图避免后悔这件事本身就很危险。我们同样没有意识到的是，后悔并不是简简单单的一件事。无论是公开表示悔恨，还是心中暗自懊恼，都会给大脑带来不同程度的挫败感。后悔是个极为复杂的话题，只需要看看它带来的种种恐惧和厌恶就知道了，更不用说它激励人们写出的无数诗歌了。本章将尝试揭开它的神秘面纱。

歪心狼、应召女友与网上竞拍

对于看着华纳兄弟公司《乐一通》（*Looney Tunes*）卡通片长大的一代人来说，《哔哔鸟和歪心狼》（*the Road runner*）是星期六早上雷打不动的必看节目。故事设定非常简单：哔哔鸟是一只特别幸运的走鹃鸟（沙漠里的一种跑得很快的鸟），有一头郊狼很想吃掉它。但无论歪心狼多么努力，哪怕是用上种种奇妙的新发明，哔哔鸟总能逃脱。这部卡通片是1949年开始播出的，从那时候算起，这对永不疲倦的活宝出现在了无数剧集中，既有动画短片，也有同名电影。凭借如此简单的故事设定和两个角色，这部卡通片竟然风靡全世界长达数十年！我们待会儿会回头讨论这件事。

美国导演史蒂文·索德伯格以毫不掩饰地讨论严肃话题闻名于世。他的独特风格是用手持摄像机和情绪化的灯光效果营造“现场感”，让观众有身临其境的感觉。2009年，他拍摄了一部关于高级妓女的电影《应召女友》（*The Girlfriend Experience*），讲述一名成功的应召女郎的人生经历。这名应召女郎提供的服务是扮演客户的女友，但不建立真正的恋爱关系。她的客户往往是已婚的富豪，渴望从她身上获得不一样的体验。有些人想要性爱，有些人想要聊天，每个人的需求都不一样。与此同时，她有个能理解她工作的男友，但两人最终还是分手了。在影片中，主角觉得自己也许能和客户建立真正的恋爱关系，对方也答应试试看。结果不难预料：一旦“女友体验”与“真实恋爱”挂上钩，原本的美妙幻想就破灭了。

很多人都在易趣网上买过东西。关于网上拍卖现象的研究非常多，研究人员最感兴趣的是：为什么人们愿意以超出物品价值和自己预算的价格拍下商品？其中有许多影响因素（因人而异），但反复被提及的一点是：对战胜对手的强烈期待。事实上，经过若干天的持续竞拍，在最终战胜其他对手后，成功竞拍者通常会有种失落感。他们拍下的物品几天后就会寄来，但兴奋感已经一去不复返。

相信你已经发现了，上述三个例子有个共同点：“想要”的欲望远远超过“得到”之后的满足感。只有一只鸟和一头狼的卡通片竟能风行数十年，是因为它始终吊着人们的胃口。歪心狼只要抓住哔哔鸟一次，这招就不管用了。人们热爱这部卡通片，就是因为歪心狼全心全意地想抓住哔哔鸟，却永远都抓不到。“女友”想要赚到钱，应召女郎就不能变成真正的女友。诱惑（和金钱）源于对某种无法实现的事物的渴望。而对易趣网上的众多竞拍者来说，“狩猎”带来的兴奋感使他们的出价不断飙升。即使在其他地方能用更低的价格、更短的时间买到同样的物品，他们也对网上竞拍乐此不疲。真正拍到物品后，随之而来的却是困惑和沮丧。这就是“得到后的悔恨”。那是一种深深的失落感，仿佛在问：“接下来该做什么？”

喜新厌旧

你大概已经猜到了，大脑对这个问题的回答是：找个新目标呗。这个答案挺有道理的，因为大脑的奖励系统生来就会驱使我们不停寻找有益的奖励，不管是食物、水源、性爱、房子，还是能换取这些东西的替代品，比如金钱。当然，问题在于，一旦得到自己想要的东西，游戏就结束了。随后，心理学家所说的“习惯化”（habituation）就会发挥作用，我们会在几天或几个星期里习惯刚刚得到的东西。最常见的例子就是日新月异的科技产品。无论是新电脑、电子游戏机还是智能手机，都是如此。打算买但还没买的时候，我们兴高采烈。买下后，原本的兴奋感变成了对物品的“喜欢”。再过几个星期，“喜欢”又让位给了普普通通的“欣赏”。这个状态会持续一阵子，但最终它会沦为你拥有的一件“有点用”的东西。一旦这个循环结束，它就再也没法让你找回最初的兴奋感了。大脑的回答是什么？选个新目标，找回兴奋感。

事实上，在我们期待的事发生之前，后悔就已悄然降临。研究显示，后悔是影响决策的重要因素。因为一旦对奖励的期待变得不再激动人心，我们就会产生强烈的悔意。其实，在做出决定之前，这种心理落差就已经出现了。

很多例子都展示了这个过程。例如，那些反复离婚又结婚的人就是典型。针对恋情“习惯化”的心理学研究显示，许多人结婚后对伴侣的兴趣会直线下降。他们会感到后悔，觉得婚姻是种煎熬。二婚的离婚率往往高于初婚，这绝非偶然。试图找回最初的激情的人，只会落入同样的“习惯与后悔的怪圈”。

另一个大多数人都能感同身受的例子是买车。买家可能在成交前就开始后悔了，因为他们走进展厅后会发现，很多车都有自己想买的车不具备的优点。这时，他们心里已经有点打鼓了。等到交易完成，新车到手，他们又会拿自己的车跟路上的其他车做对比，跟杂志和电视上的车做对比。“习惯与后悔的怪圈”就此开始。

或者，想象一下搬到新城市，开始新工作。人们通常会认为，新地方和新职位肯定比过去的强。“新鲜感”拥有某种神奇的力量，尽管它持续时间极短，而且很少能满足预期（因为人们希望兴奋感能一直持续下去，而这是不可能的）。搬到新地方，开始新工作之后，随着对新生活的期待渐渐消失，“后悔的怪圈”就出现了。所以，才会有这样的说法——哪儿都一样。

后悔的死亡竞赛：“想要”与“喜欢”

假设你在易趣网上看到了一款特别想要的拍卖品。你已经快把它拍下了，最后时刻却被人横刀夺爱。你气得咬牙切齿，在网上转了半天，终于找到了同样的物品，价格虽然贵了不少，但可以直接买下。你二话没说就买了，花的钱比预算高得多。一个星期后，东西寄到了你家。你拆开包装，兴奋不已，对吧？才不是呢。你压根想不起当初为什么会想要它了。当天晚上，你就把它挂到网上，打算卖掉。

这种事在你身上发生过吗？

《心理科学》（*Psychological Science*）杂志刊登的一篇研究报告指出，无论那东西是什么，这种做法都不但可以理解，也可以预料。这跟“想要”与“喜欢”之间爱恨交织的关系，以及随后产生的悔意紧密相关。

我们每个人都深有体会，当对某件东西求之不得的时候，反而会更想要。这在恋爱关系中体现得尤为明显。“被拒综合症”是好莱坞最喜爱的题材，因为每个人都能感同身受。研究人员从这个众所周知的现象入手，想弄清“想要”与“喜欢”之间的动态关系——也就是说，即使已经不再“喜欢”，人们仍然会追求“想要”的东西。在一个实验中，参与者有机会赢得奖品，也就是他们表示想要的东西。如果他们失败了（换句话说，就是他们“想要的”被拒了），也可以花更多的钱买到同样的东西。大多数被拒的人都是这么做的。但事后问他们愿不愿意把那件东西卖掉，大多数人都说：“好呀，拿去吧。”在另一个实验中，参与者有机会赢得 Guess 太阳镜。没有赢得太阳镜的人可以从 Guess 腕表和卡尔文·克莱恩（Calvin Klein）腕表中任选一件。大多数被拒的人都选了 Guess 腕表。你也许会觉得，这是因为他们都喜欢 Guess 的产品，对吧？才不是呢。他们对 Guess 腕表的评价低得令人惊讶。那又是怎么回事呢？研究团队相信，当愿望成真时，我们的情绪是积极的；当遭遇挫败时，情绪则会变得非常消极。消极情绪会削弱我们原本的欲望，带来强烈的悔意。诡异的是，这会让我们继续追求自己已经不再喜欢的东西。

反事实思维

后悔虽然有诸多负面作用，但它仍是重要的适应性功能。如果没有它，我们的学习、改变、提升能力就无法维持生存发展。后悔是一种源于“反事实思维”（counterfactual thinking）的学习工具。“反事实思维”可谓一把双刃剑。当我们回顾过去的决定和想法时，会觉得“当时如果选了A而不是B，就不会发生C这么可怕的事了”，这就是反事实思维。本章开头提到的麦迪逊就是这么想的。她想，如果自己当初不那么担心毕业后找不到好工作，坚持做平面设计师，就不会因为当了律师而每天备受煎熬了。顾名思义，反事实思维就是思考如果换种情况本可以或本应该发生的事。从学习的角度来看，这对我们很有帮助，因为下次再遇到类似的情况时，我们就不会犯相同的错误了（但愿如此）。

但从情绪健康的角度来看，花太多时间进行反事实思维会导致严重后果。如果我们沉湎于自己做的错误决定，觉得本可以避免恶果，产生的消极情绪就会弊大于利。对深陷抑郁的人来说，强迫性的反事实思考就像引火自燃。

不幸的是，我们都会为做出错误决定而自责，要想改掉这个习惯并不容易。我们的大脑会不断反思自己的错误决定，但问题在于，我们缺少内在的调节工具，没法控制这种学习过程。结果，原本对我们有益的东西，最后反而会对我们造成伤害。

商家如何利用后悔心理

由于后悔的力量极其强大，销售员和骗子都会利用这一点。例如，推销员会故意诱导你，让你觉得不买这个肯定会后悔。产品保险就是这么卖出的，因为真正获得赔付的少之又少，所以几乎全是净利润。买新电视或新电脑的时候，你大概听过类似的话："这玩意的保险只占总价的5%，买了您就能高枕无忧了。万一电涌把它烧坏了，保险就能派上大用场。"电涌是诱发反事实思考最好用的工具，因为这玩意听上去危险又神秘，谁也拿不准它什么时候会发生。"要是您不买保险，没准还不到一年，你花2000美元买的电视就会被电涌毁了。"买家的脑海里立即勾勒出未来的场景：客厅里搁着一台无法显示图像的电视，2000美元就这么打水漂了。只要花总价的5%就能避免这种悲惨命运？嗯，确实值得！绝大多数人都不会用到这种保险。从概率上看，这5%的保险金肯定是打水漂了。

不后悔的秘密

那我们该怎么办呢？最新研究显示，我们可以"训练"自己的大脑，让它调整对奖励的期待（某些脑部损伤会导致对奖励的期待降低，但大多数人都不想头部受伤吧）。与此同时，心理学研究显示，当我们做"自己想要什么"的决定时，关注一下亲朋好友的看法，就能得到更多的长期回报，也不那么容易后悔。恋爱关系的情况要复杂一些，但也有不少可靠的研究成果。

在第十五章，我会进一步探讨这个问题。接下来，我们要审视自己所处的社会环境，看看研究显示哪些影响因素是可控的，哪些是不可控的。

第四部分

社交会影响你的判断

第九章

大脑的社交偏好

“社交就像一场假面舞会，人人都掩饰自己的本性，反倒把本性暴露无遗。”

——拉尔夫·沃尔多·爱默生，美国思想家、文学家、诗人

有样学样

劳里·桑托斯教授是美国顶尖的灵长类动物学家。作为耶鲁大学比较认知实验室的负责人，她对卷尾猴的社会体系进行了大量研究，反驳了一些关于人猴区别的假说。她解释说，有时观察卷尾猴就像在看人类的肥皂剧（只是少了俗套的对白）。猴子也会展现出嫉妒、悲伤、担忧、喜悦和一系列我们原以为只有人类才有的情绪。它们也会像人类一样偷情、偷窃和挑拨离间。事实证明，猴子社会跟人类社会差不了多少——可以说，两者相似到了令人难以想象的地步。

桑托斯指出，两者的不同之处在于，个体在社会环境中是怎么寻找出路的。出现这一区别的原因是，人类与猴子的自然进化程度不同，文化发展速度也不同。桑托斯的说法是："文化发展要比自然进化快得多。从生理层面来看，自然选择很难跟上文化发展的步伐。"

换句话说，人类社会架构的复杂程度远远超过自然进化让我们能够承受的程度。观察猴子的时候，我们看到的是一个跟我们拥有同样情绪的物种，它们也会运用基本技能满足自身需求。换个角度来看，如果有外星人在观察人类，他们看到的会是一个在复杂社会中挣扎求生的种族，随时有可能被社会的洪流吞没。

这就意味着，从许多方面来看，我们的大脑与社会环境格格不入。大脑喜欢安全稳定、有迹可循、节约能量，并不适应不可预期、高速发展、大量消耗的人类社会。然而，我们却置身其中。不管做起来有多困难，我们都必须适应社会文化——毕竟，我们都是社会中的一员。接下来，让我们深入挖掘一下。

嗨，我在给你打分哟

首先，我们来看看社会动力学的核心要素——第一印象。我们都知道，第一印象非常重要。从很小的时候开始，“第一印象永生难忘”这个观点就印在了我们的脑海里。但到底是什么导致初次见面留下的印象如此重要？纽约大学和哈佛大学的研究人员携手合作，试图弄清楚是哪些神经系统起到了关键作用。为此，研究团队设计了一个新奇的实验，观察参与者对虚构人物形成第一印象时的大脑活动。

参与者要看 20 个不同性格的人的资料。里面有这些虚构人物的照片，也有他们的优点（比如聪明）和缺点（比如懒惰）。看完资料后，参与者要给每个人打分，表明自己有多喜欢（或不喜欢）这个人。这些印象取决于参与者对不同优缺点的好恶。例如，如果某个参与者喜欢“聪明”，不喜欢“咄咄逼人”，那他就会对资料上显示“聪明”的人印象比较好。在印象形成的过程中，研究人员会用核磁共振成像仪观察他们的大脑活动。根据参与者的打分情况，研究人员判断，收到信息时不同的大脑活动正是形成第一印象的关键。大脑在分析跟形成第一印象有关的信息时，有两个区域极为活跃：一是杏仁体（此前的研究证明，它与关于无生命物体的情感学习、关于信任的社会评价密切相关），二是扣带回后部（它与金融决策和评估奖励密切相关）。

这两个区域都跟我们的价值判断息息相关。尽管实验结果和人类行为并不是直接相关，但实验表明，我们在说出“你好”之前就已经做出价值判断了。说得直白点，我们对刚认识的人做出的主观评价，取决于此人跟自己有多少相似点。这个解释看似讽刺，但事实上并非如此。我们对别人做评价的时候，很大程度上依靠信任。对大脑来说，信任与奖励紧密相连。无论是赢得他人的信任，还是感到足以信任他人，对大脑来说都是奖励。因此，大脑会在我们跟陌生人初次见面时就开始做评估。

第一印象还有一个不那么显而易见的特点：我们试图给别人留下的印象，会影响我们对别人的评价。这是另一项研究得出的结论。实验中，数百名参与者要观看一部短片，然后两两一组进行讨论。研究人员给了一半的参与者“印象管理目标”，让他们表现得内向、外向、聪明、自信或高兴。小组讨论过后，参与者要给自己和同伴的个性打分。在自己试图展现出的个性特征这一项，带有“印象管理目标”的参与者往往会给同伴打低分，而对其他个性特征打的分却很正常。这是因为，当我们试图突出某种个性特征时，会无意中提升对别人的评价标准——所以，其他人往往达不到标准。因此，当你试图给人留下好印象时，如果对方看起来不像你一样外向、随和、自信，别以为他们真的欠缺这些特质。有可能是因为你试图展现这些特质，所以改变了对别人的看法——没办法，你的大脑就是这么一根筋。

为何不该轻信你的 THOMAS

根据神经经济学家保罗·扎克的说法，设骗局的关键不在于说服对方相信你，而在于说服对方你信任他。在骗局中起关键作用的是人类催产素调节系统（简称 THOMAS）。THOMAS 是一种强大的脑回路。当我们感觉受人信任时，大脑会释放影响神经系统的催产素，让我们产生回报对方信任的渴望，即使对方是陌生人也不例外。当别人表现出信任你的时候，THOMAS 就开始发挥作用了。这个时候，我们很容易落入陷阱。促使我们深思熟虑、谨慎行事的前额皮质会退居二线，任由 THOMAS 应对即将到来的灾难。但反过来看，如果没有 THOMAS，我们就不会同情别人，也没法跟别人建立关系。

扎克的研究显示，我们信任的人中大约有 2% 是混蛋。他们很会忽悠人，喜欢占人便宜。这种人极其危险，因为他们知道怎么装出值得信任的样子。从心理学角度看，这种人很像反社会分子。

如何优化朋友圈？

讨论完第一印象，再来说说最常见的人际关系——友谊。在网络社交逐渐兴起的时代，友谊似乎变得越来越模糊不清——不是网络社交让友谊失去了意义，而是虚拟互动让人难以判断什么才是真正的友谊。接下来，我们要考察一下，随着时间的推移，人际关系是如何发生变化的。

多年来，社会学家一直在争论，到底是个人喜好对人际关系的影响大，还是社会环境对人际关系的影响大。例如，如果后来成为你丈夫的人是在酒吧结识的，而不是好友介绍认识的，你还会不会嫁给他？荷兰社会学家杰拉尔德·莫伦霍斯特为了弄清这个问题，特意设计了一个实验，考察与人相识的情景对我们的交际圈有何影响。他惊讶地发现，我们每 7 年就会失去大约一半的朋友，但同时也会结识同样多的新朋友，这让我们交际圈的规模保持不变。莫伦霍斯特一共调查了 1007 人，从 18 岁到 65 岁不等。7 年后，他联系了所有人，重新采访了其中 604 人，对他们提出的问题包括：你会跟谁聊重要的私人问题？你家里有活要干时谁会来帮你？你会去谁家串门？你是在什么地方认识那个人的？你现在会在什么地方见那个人？

莫伦霍斯特发现，尽管交际圈的规模保持不变，但其中许多成员都是新的。7 年后，只有 30% 的老朋友和聊天对象保持不变，只有 48% 的联系人还在这个圈子里。莫伦霍斯特还发现，交际圈不仅仅跟个人选择有关。我们选择朋友还受见面机会的限制，而且人们通常会在以前结识朋友的地方结识新朋友。如果上次去的时候池塘里有鱼，这次为什么不再去那里钓鱼呢？另一项研究指出，人们喜欢把工作、联谊和朋友分得一清二楚。但莫伦霍斯特的研究显示，这些因素其实往往相互重叠。

大脑的社交偏好

现在，我们知道自己的交际圈是稳定的，圈子里的成员变动实属正常，也弄清了影响我们选择朋友的因素。但还有一个因素尚未提及，那就是在结交新朋友之前，我们往往会提前做出“自己人”或“圈外人”的判断。人们都更偏爱同一圈子里的人，这其实一点也不奇怪。例如，如果你是某个政治候选人的狂热支持者，看见某人车尾的保险杠上贴着支持那个候选人的贴纸，你就会觉得他是“自己人”。如果某人车尾的保险杠上贴着支持对手的贴纸，你就会觉得他是“圈外人”。如果要问为什么，你大概会说，前者跟自己有共同立场，站在同一阵线上，后者跟自己不是一路人。事实上，你对前者有“圈内信任”，对后者则一点儿也没有。

你会信任一个陌生人，却不信任另外一个，这究竟是为什么？澳大利亚国立大学和日本北海道大学的研究团队对此进行了考察。研究人员认为，人们会根据“圈内信任”形成两种观点。第一种是刻板印象：人们认为“自己人”都是好人，乐于助人，慷慨大方，值得信赖，公平可靠。第二种是预期：人们期待“自己人”会善待自己，因为大家价值观相同，有共同的追求，会考虑彼此的利益。

在实验中，参与者要选择是从“自己人”还是“圈外人”那里得到一笔钱。他们被告知，金额多少将由对方决定。最开始，所有参与者都选择从“自己人”那里拿钱。令人惊讶的是，即使“自己人”比“圈外人”个性不讨喜，结果也是如此。只要形成了“集体认同”，参与者根本不在乎对方个性是好是坏，还是不好也不坏。但当参与者得知，分钱的“自己人”并不知道他们属于同一圈子，情况立刻发生了变化。这种情况下，参与者完全根据个性特征做选择。如果“自己人”个性不讨喜，那么参与者更可能选择“圈外人”，反之亦然。

研究显示，如果同一圈子里的人互相认定是“自己人”，大家就会期待得到善待。但如果认知并不明确，人们就会依赖刻板印象。那么，这个发现说明，我们在选择社交圈的新成员时存在哪些认知偏差？首先，我们通常会用并不可靠的标准判断他人。我们认定一个陌生人比另一个陌生人更值得信任，要么是因为前者看起来跟自己更相似，要不就是落入了刻板印象的陷阱。两者都跟神经系统的印记有关。事实上，神经科学研究已经证明，大脑的神经构造跟我们的社交认知偏差密切相关——从一定程度上说，出现社交认知偏差是因为我们头脑发昏了。

姿势的力量：这是有生理依据的

设想一下，你正在跟上司讨论一个棘手的问题。你相信自己说的没错。你可以摆出坚定自信的架势，提高嗓门，用有力的手势表达观点，也可以双臂交叉抱胸，垂着脑袋，细声细气地说话。你做的选择不只是一种人际交往策略，还会影响你的生理反应。有一项研究就是考察姿势会不会改变睾酮（与自信和冒险精神有关）和皮质醇（与焦虑和恐惧有关）的分泌水平。换句话说，“强势姿态”是否会带来生化方面的优势，让人感到充满力量、富于冒险精神？研究证明，确实如此。摆出强势姿态的人睾酮水平上升，皮质醇水平下降，摆出弱势姿态的人则恰恰相反。但到底是先有“鸡”（生化反应）还是先有“蛋”（行为）呢？研究指出，行为选择会影响生化反应。这就意味着，即使是平时非常低调的人，只要摆出一副强势姿态，精神就会为之一振。

忍气吞声，还是维护自尊？

就像桑托斯教授实验室里的猴子一样，人类也一直在参与妥协的游戏，桑托斯教授称之为“猴子经济学”（monkeynomics）。当猴子觉得在谈判中受了委屈，就会拒绝继续参与，除非情况得到改善（通常来说，这意味着别的猴子把葡萄交给它）。人类也时刻面临相似的处境，虽然情况要复杂许多，但两者的差别并不是太大。

例如，你要和某人商量分钱。你们都有权得到其中一部分，但不幸的是，眼下钱在对方手里。你有一次达成协议的机会，如果这次没能达成一致，对方就没有义务跟你继续协商。由于对方明显处于有利地位，他觉得三七分挺公平。当然，是他拿七成，你拿三成。如果你接受，可以拿到30%的钱。如果你拒绝，就一个子儿也拿不到。你觉得这个条件很不公平，但如果是在30%和0之间做选择，你还是会同意拿30%的，对不对？

也许不对。没准你会断然拒绝他提出的分成方式，用这个机会痛快发泄自己的不满。你也许会说，你觉得他就是混蛋，你压根不在乎那几个臭钱。

好吧，再设想另一个场景。这一回，你拿多少钱完全由对方说了算，你没有商量的余地。换句话说，对方可以决定分成方式，完全不用在乎你是怎么想的——事实上，他永远也不会知道你是怎么想的。你只能选择接受或拒绝，不管觉得公不公平，都无权跟对方讨价还价——也就是说，你没有追索权。

结果，你还是分到了30%。这次你不但不能在30%和0之间做选择，连靠发泄一通获得满足感的权利都被剥夺了。那么，结果应该很明显了吧——你会选择接受，对吧？

其实不一定。为什么呢？你没法让谈判变公平，也没机会表达愤怒，是什么让你仍然拒绝接受这笔钱？这正是《美国国家科学院院刊》刊登的一份研究报告探讨的问题。研究人员让参与者玩两个游戏。第一个游戏做“免责游戏”，是“最后通牒游戏”的变种。在“最后通牒游戏”中，东家得到了一笔钱，要跟玩家协商怎么分成。玩家有两个选择：一是接受对方提议的分成方式，双方各拿商定的部分；二是拒绝对方提议的分成方式，双方都拿不到钱。游戏结果是，最不公平的分成方式会遭到拒绝，双方通常会以五五分成收场。

在“免责游戏”中，玩家同样有权拒绝对方提议的分成方式，但拒绝后就无权过问这笔钱了。也就是说，要么达成协议，要么空手走人。游戏结果是，30%到40%的玩家愤而拒绝了对方的提议，以此表达对不公平方案的抗议。玩家虽然拿不到钱，但仍然直言不讳。

第二个游戏叫“私人免责游戏”，也就是上文让你设想的第二个情景。在这个游戏中，玩家可以直接说要分给对方多少钱，对方只能接受或拒绝，但玩家不会知道对方的决定。在这种情况下，研究人员的预测是，几乎所有的参与者都会接受分成方式，因为否则就一分钱也拿不到，况且也无法当面发泄不满。

令人惊讶的是，这个预测竟然是错的。如果分成方式很不公平，对方的拒绝率仍高达30%-40%。这项研究显示，造成这一现象的原因是情绪。面对不公平交易，我们可以做出理性选择，接受即时奖励，就此了结纷争，也可以选择让情绪反应占上风。我们遭受不公平待遇时会闹情绪，跟熊在领地被入侵时会极具攻击性，其实是一样的道理。我们知道，熊觉得被挑衅时会变得很有攻击性，所以我们会尽量远离熊。同样的机制也适用于人类：如果大家都知道某人遭受不公平待遇时会怒火冲天、情绪爆发，那么大家都会避免惹毛他。

这项研究还显示，我们不但在乎外在的名声，也在乎（甚至更在乎）内在一致性。当接受即时奖励会影响内在一致性时，我们就会出现抵触。久而久之，保护内在一致性的倾向会延伸到外在。简言而之，我们更乐意被视为凶猛的棕熊，而不是温顺的羔羊。

但问题在于，少拿点钱总比一分钱也拿不到好，但我们还是倔强地一口回绝了，这么做真的是最佳策略吗？关键在于弄清什么才是“最佳”策略，暂时咽下这口气是否有利于追求长远利益。不幸的是，我们的大脑不擅长迅速做出判断。时间是其中的重要因素。如果防御性情绪反应足够强烈，再多的理性思考也抵挡不住，尤其是事情发生得太快的时候。

大脑的种种倾向其实并没有对错之分。上述例子得出的结论也需要具体问题具体分析。但最重要的一点是，大脑在特定情境下的反应会影响我们的短期和长期利益。

接下来，我们要看看另一种社交机制。它是处理所有关系（不仅仅是人际关系）的关键。那就是“影响的力量”。

第十章

你比想象中更容易被影响

“显然，在社会生活层面上，人们是通过‘虚构文学’这个媒介来适应环境的。”

——沃尔特·李普曼，美国新闻评论家、作家

公众观点

就在昨天晚上，你跑去看了一部不太容易归类的电影。有些电影明摆着很烂，有些则显然很出色，但这部电影很难说是烂片还是好片。你开始上网搜索别人的影评。搜完一圈后，你才发现有点不对劲。通常你都是看电影前先看影评，弄清值不值得为它投入时间和金钱，这次你却是看完电影后才开始搜影评，想看看别人对它有什么看法。你还在自己的社交网站页面上提问，想知道有没有人看过同一部电影，他们对这部片子有什么看法。你甚至给几个朋友发了电子邮件询问。

你为什么这么在乎别人的看法？为什么电影都看完了，别人的看法对你还这么重要？换句话说，你难道就不能自己做评价，还需要别人来补充吗？

这些问题会让我们觉得不大自在。我们都认为自己有能力对周围发生的事做出评价。承认自己做不到这一点，就暗示我们无法进行独立思考。但过去的几十年里，心理学和神经科学研究已经证明，所谓“独立思考”其实并不绝对，它也许只是自我臆造的产物。事实上，大脑天生就无法完全“独立”。恰恰相反，人类是需要互相依赖的群居动物。人类的生存依靠相互影响，没有人能够完全独立。

了解这一点之后，就很容易理解为什么我们喜欢搜别人的影评，也喜欢看对自给自足意识发起冲击的东西了。但这跟大脑的其他倾向一样，一不小心就会玩过火。自己什么都不想，凡事都人云亦云，随波逐流，这是一件很可怕的事。因为，这会阻止我们“去尝试”，也就是心理上的冒险——这对塑造人格、突显个性极为重要。当然，这种倾向也有好的一面，它有时候对我们有好处。

你决定还是我决定？还是你决定吧！

与其将“搜索别人的看法”视为弱者的标志，不如去探究它背后的驱动力。神经科学研究得出了一些答案，有些结果非常有趣。例如，亚特兰大的埃默里大学研究团队开展了一项研究，希望弄清人们靠外界帮助做决策时大脑的活动。在这项研究中，“外界帮助”指的是金融专家。

参与者要在核磁共振成像仪内外分别做出金融决策。决策分为两类：“稳操胜券”型和“碰碰运气”型。进行核磁共振扫描时，研究人员会把金融专家介绍给参与者，并提供专家的资历，增加其可信度。参与者需在电脑屏幕上做金融选择，专家建议会显示在选项上方。如果专家推荐某个选项，上面就会显示“接受”；如果专家不认可某个选项，上面就会显示“拒绝”。有一半的情况下会显示“无评论”，表明专家没有提供建议。

结果显示，参与者的做法和神经活动都明显受到了专家建议的影响。有了专家提供的“接受”字样，参与者往往会选择这个选项。没有专家建议时，能测到与做评价有关的神经活动；有专家建议时，则测不到与做评价有关的神经活动。换句话说，当专家给出金融建议时，大脑就卸下重担，懒得去想哪个才是最佳选项。能得到专家建议的时候，参与者的大脑不需要那么费劲，它们就干脆休息了。

这个研究成果首次发表的时候，许多媒体用了类似《研究显示专家建议会导致大脑停转》这样耸人听闻的标题。事实上并非如此。恰恰相反，研究表明，大脑有一种积极倾向：能得到可靠的外在帮助时，大脑会进入节能模式。时间因素在其中也扮演着重要角色。实验参与者平均 3.5 秒就要做一个决定，这意味着他们没时间深思熟虑。研究人员是故意这么设计的，“逼迫”参与者的大脑迅速做出决定。在这么短的时间里，大脑要很费劲才能做出评估。试想一下，同样一段距离，是慢跑还是冲刺费的力气多？时间少，事情多，能量消耗自然大。如果有外部资源可供利用，无需消耗内在能量，大脑当然乐于接受帮助。研究中的脑成像结果显示，与做评价有关的神经活动减弱了。这一点我们早就预料到了，毕竟大脑把消耗能量的事推给了别人。或者，你也可以把大脑想象成一名赛车手。他想跑出好成绩，但又不想耗太多油。如果拼命踩油门加速，就得频繁进站加油，所以最好的方法是跟在其他车后面，借前车的气流为自己省油。大脑利用外部资源节省能耗，也是同样的道理。

同伴的看法

我们暂且把大脑精明的“节能倾向”搁在一边，聊一聊同伴的影响。青春期就是同伴之间相互影响的典型表现形式。但当心理学家试图抛开其他因素，单独研究“同伴影响力”背后的驱动力时，却遇到了难题：青春期少男少女的种种行为，到底是为了看上去更“酷”，还是真的被“同伴影响力”改变了思维方式？哈佛大学的心理学家团队结合社会心理学和神经科学方法论，考察了同伴影响力能否改变人们的价值评估。具体来说，就是对人脸吸引力的判断。

14 名男性参与者要在电脑上为 180 张女性面孔图片打分。大部分情况下，在他们打完分后，研究人员会提供其他几百名学生给这张图打的平均分。参与者并不知道，所谓的平均分是研究人员捏造出来的，有些比他们打的高，有些比他们打的低。然后，参与者要一边接受脑部扫描，一边给同样的人脸图片打分。结果显示，看这些人脸会让参与者大脑中的奖励中枢发生明显变化。这取决于参与者事先得到的信息，也就是“同伴”给这些脸打的分。换句话说，同伴的反馈确实会影响参与者对人脸吸引力的判断。如果参与者听说之前的人给这些脸打了高分，大脑中奖励中枢的活性就会明显增加，打出的分数也会明显提高。相反，如果参与者听说同伴给这些脸打了低分，大脑中奖励中枢的活性就会明显减弱，打出的分数也会大大降低。

这种现象似乎同样源于神经构造。开展这项实验的研究人员相信，驱使我们追逐食物、水源、繁衍的神经构造，也让我们愿意听从别人的看法。大脑将别人的价值判断和观点看法解读为“调节自身看法”的信号，以便提高做事效率，获取最大收益。因此，我们会觉得“既然这对他们管用，那应该对我也管用”。

群体选择与身份认同

“影响效应”也跟“谁在选择什么”有关。

作为社会动物，我们都渴望归属于某个社会群体——可以想象成一个部落。当这个社会群体的成员使用或认同某物时，就会给其他人发出信号——这个东西对群体有益，符合部落的身份认同。考察这一现象的研究人员根据影响力与身份认同的相关性，将其分成“一致性”（conformance）和“认同性”（convergence）两类。事实证明，我们可以准确预测某人会不会受别人影响——例如在决定要不要买某件东西的时候。看见别人在抢购某件商品（比如牙膏），我们会很容易跟风购买，因为“组团抢购”意味着这款产品比其他的好。在这个例子里，其他人是不是属于某个特定社会群体并不重要，重要的是“组团抢购”这一行为本身。

此外，看见群体中的精英购买高价商品时，我们也容易跟风。因为我们会觉得，这种商品代表了在群体中的地位。在这个例子里，重要的是购买者是谁。如果你所在的社会群体偏爱奔驰轿车，你就不会买雷克萨斯，除非这么做能给你带来明显的社交优势。

上述第一个例子里，我们的选择与身份认同无关（即上文提到的“一致性”）。第二个例子中，我们的选择与身份认同息息相关

（即上文提到的“认同性”）。在这两个例子中，我们的选择都受到了别人的影响，但前者是为了追求更高的价值，后者则是为了提升自己的地位。有趣的是，对于以身份认同为基础的决策，我们很难解释自己为什么会做出这样的选择。尽管我们会找出各种各样的理由（“造型时尚、换挡流畅、操控绝佳”等等），但其实那些都无关紧要，没有触及核心。很少有人会直截了当地说：“这辆车符合我所在社会群体的身份认同。我的身份认同来自群体认同，所以我才买了它。”

信以为真的错觉

所以说，根据外部资源做出决策、形成观点不一定是坏事。事实上，这是一种颇为巧妙的节能策略，通常来说对我们有好处。“同伴影响力”是大脑为了寻找有价值的外部资源、获得群体归属感而采取的适应性策略。大多数情况下，这都是件好事。但反过来说，这也使我们容易被洗脑。

大脑之所以会受宣传影响，原因有两个：一是“反复强调”，二是心理学家所说的“认知流畅性”（cognitive fluency）。根据对二战时期政治宣传的研究，心理学家发现，信息重复的次数越多，人们越容易接受——尤其是在没有刻意关注的情况下。这听起来似乎与直觉相悖，但正是偶尔瞥见的重复信息让我们对“信以为真的错觉”（illusion of truth）深信不疑。我们越是刻意关注那些信息，就越不容易受到影响。

“认知流畅性”是指大脑倾向于接受容易理解、能轻松纳入现有思维图式（见本书第一章）的信息。如果正确加以利用，这是一种有助于学习的技巧。想要说服别人的时候，信息之所以要简单、押韵、容易理解，是因为这样大脑才能迅速处理，让我们在不经意间产生熟悉感。传统观点认为“熟稔生轻慢”，但在影响力的世界里，则是“熟稔生亲近”。从很大程度上说，这也是因为大脑喜欢节约能量——熟悉的信息处理起来更轻松，大脑当然乐于抄近道。

相反，我们不容易相信难以处理的信息。只要想一想政客向公众解释复杂议题有多难，就不难理解这一点。我们每天都被简单易懂的信息包围，怎么可能说服自己相信错综复杂的情况呢？如果想传播复杂的信息，你肯定会遇上麻烦，因为大脑天生就不爱处理复杂的信息。当简单易懂的信息随处可见，基本不用花力气就能处理，要逼自己关注不那么简单、精炼的信息，得花大力气才行。

当然，打广告的商家和政治策略家都懂得这个道理，会利用“信以为真的错觉”为自己拉顾客或拉选票。毫不夸张地说，美国的所有政治选举都是“信以为真的错觉”之战。候选人能用来打造有效信息的资金越多，就越有可能赢得选举。如果你不反复强调关于自己的虚幻真相，把竞争者贬得一无是处，进而吸引足够多的选民，你的努力就可能付之东流。一百多年来，这一可悲的法则始终主导着美国政商两界。

值得注意的是，有一项研究考察了信息重复多少次效果最好。结果显示，人们最愿意相信重复三到五次的信息。如果超出这个限度，重复只会取得反效果，甚至引人厌恶。

影视感染力

不用说，大脑并不总能控制自己是接受还是拒绝外部影响。例如，你可能会惊讶地发现，就连电视剧里的虚构角色也能扭转我们对敏感议题的看法。这是一项研究得出的结论。研究显示，当热门电视剧用积极正面的方式展示捐献器官时，公众对器官捐献的热情会明显上升。至于这到底是好是坏，完全要取决于你怎么看了。

研究早已证明，电视能促进心理学家所说的“社会学习”（social learning），即在特定情境下人们会模仿别人的态度和做法。有两个条件必不可少：一是关注，二是记忆。引人入胜的电视剧往往同时具备两个条件，既能让人保持高度关注，又能促进记忆形成。当观众对剧中某个角色强烈认同时，这种效应（也就是心理学家所说的“叙事转移”）尤为明显。美国普渡大学的心理学教授劳伦·莫维斯带领团队开展了一项研究，想知道《犯罪现场调查》（*CSI*）、《数字追凶》（*Numb3rs*）、《实习医生格蕾》（*Grey's Anatomy*）、《豪斯医生》（*House*）等电视剧中的捐献器官情节是否有助于观众增进了解，进而成为器官捐献者。研究人员还想知道，这些信息带来的影响有多大。

在实验中，参与者要看几集跟器官捐献有关的热门电视剧，其中有些是正面描述，有些是负面描述。随后，他们要填写调查问卷，评估自己受剧情感染的程度。（参加调查的人数可不少，光是与《豪斯医生》有关的问卷就有 5000 多人填写。）

结果表明，如果剧集对器官捐献的描述是正面的，剧中角色明确鼓励这一行为，看剧之前并非捐献者的观众，看剧之后会更愿意成为捐献者。这表明受剧情感染的观众明显更愿意成为捐献者。最后，观众显然从剧集中获得了相关知识（知识是否准确就不好说了）。

至于这到底是好是坏，完全取决于你怎么看。上述研究告诉我们几件事：对剧情的情感代入影响了人们的想法，也提供了不一定准确的知识。也许大多数人都赞同，捐献器官对社会有益。如果电视剧鼓励这么做，那当然再好不过了。但问题在于，这种促使人们做好事的效应，很可能反过来煽动人们做坏事。伪科学、危言耸听的末世论和江湖郎中的骗人鬼话就是这么传播开来的。

在另一项研究中，研究人员想知道电影能否引发同样的效应——这一次是以吸烟为例。假如观众强烈认同电影中的某个角色，如果那个角色是个大烟枪，是否会影响观众对吸烟的看法？

事实证明，确实会。研究人员预测，观众越是认同抽烟的角色，就越有可能：1、产生强烈的“内隐联想”（implicit association），无论是烟民还是非烟民（换句话说，他们并没有意识到自己想抽烟，或是不承认自己想抽烟）都会点起烟；2、烟民迫切想要点根烟。

研究人员得出的结论是，当我们看电影的时候，通常会出于各种原因认同某个角色。我们会被该角色的情绪和做法吸引，把自己代入进去。就像在现实生活中一样，如果跟别人换位思考，我们会更容易受到影响。认同感越强，我们就越会受其影响，甚至会模仿他们的做法。

比喻能够潜移默化地影响我们的思维

无论是在现实生活中还是在大银幕上，比喻对人的影响都是最大的。假设在聊天的时候，我提到了一个我还没去过但你去过的地方。你说："那是个又大又脏的臭水塘，到处都是垃圾，爬满了你能想象到的最恶心的玩意儿。"我脑海中立刻浮现出一幅令人毛骨悚然的画面：污水肮脏不堪，河面飘满垃圾，老鼠蟑螂横行。这个比喻是否贴切并不重要，重要的是，它让我把肮脏的画面和那座城市紧紧联系在了一起。也许有朝一日我会亲自造访那座城市，自己判断你的比喻是否贴切。也许我会得出结论，认为你的描述实在太精准了。但直到那时，或者直到我看见关于那个地方的可靠资料，垃圾遍地的景象都会在我脑海中挥之不去。

这就是比喻的力量。它能潜移默化地影响我们的思维，而我们基本上不会意识到。斯坦福大学的研究人员保罗·蒂博杜和莱拉·博罗蒂茨基通过五个实验展示了比喻的巨大影响力。这些实验经过精心设计，考察了比喻为什么能起作用、什么时候能起作用。首先，研究人员请 482 名学生读一篇针对艾迪生城犯罪率的报道，然后给出解决方案。报道共有两篇。第一篇报道将罪犯描述为"城中掠食的野兽"和"潜伏在社区中"。读到这些关键词后，75% 的学生提议加大执法和惩罚力度，例如建造更多的监狱，甚至请求军队协助。只有 25% 的学生提议进行社会改革，例如改善经济条件、提升教育水平、提供更好的医疗保障。第二篇报道的内容与第一篇完全一致，只是将罪犯描述为"感染城市的病毒"和"瘟疫"。读完这个版本后，只有 56% 的人提议加大执法力度，而有 44% 的人提议进行社会改革。

有趣的是，只有极少数参与者意识到了不同比喻对自己的影响。当蒂博杜和博罗蒂茨基询问参与者，报道中哪些部分对他们的决策影响最大时，绝大多数人都说是犯罪率统计数据，而不是语言表达。只有 3% 的人意识到了比喻才是关键。为了验证这个结论，研究人员又进行了一系列实验。他们用的是同样的报道，只是语言没有那么生动。但即使“野兽”或“病毒”的比喻只出现了一次，实验结果也不变。研究人员还发现，如果没有适当的语境，单是这些词本身的影响力并不大。蒂博杜和博罗蒂茨基请参与者在读报道前先想一想“野兽”或“病毒”的同义词，结果他们提出的建议跟没这么做的人差不多。换句话说，只有在特定语境下，比喻才能发挥作用。然而，如果比喻出现在文章结尾，则起不到明显作用。

语言如何塑造认知

莎士比亚写下：“名衔又何如？玫瑰易名，馨香如故。”但根据斯坦福大学心理学教授莱拉·博罗蒂茨基的说法，情况可能并非如此。在研究德语和西班牙语词汇的性别差异后，博罗蒂茨基指出，我们所用的语言赋予某个名词的性别，会让我们在不知不觉中给那个名词加上性别特征。以“桥”这个词为例。在德语中，“桥”（die brucke）是阴性名词，而在西班牙语中，“桥”（el puente）是阳性名词。博罗蒂茨基发现，母语是德语的人在形容“桥”的时候，通常会用“美丽”“优雅”“修长”这样的词，而母语是西班牙语的人则会用“坚固”“结实”“雄伟”这样的词。反过来也一样。“钥匙”这个词在德语中是阳性，在西班牙语中则是阴性。母语是德语的人会用“锯齿”“笨重”“坚硬”“金属”来形容钥匙，而母语是西班牙语的人则会用“精巧”“金色”“可爱”等词来形容。博罗蒂茨基甚至自创了一门语言（叫作“冈布济语”），这门语言拥有独特的语法性别。她用这种方式来测试自己的假设。仅仅学了一天这门新语言后，参与者形容名词时就受到了语法性别的影响。博罗蒂茨基的研究显示，从很小的时候开始，我们看待世界的方式就受到了语法的影响。

我们有多容易受影响？

如果读到这里，你还不相信大脑容易受各种外界因素影响，那就继续往下读吧——接下来的讨论也许能让你醍醐灌顶。如果我告诉你，你对“好”和“坏”的判断，很大程度上取决于你惯用左手还是右手，你会不会觉得难以置信？

事实上，这并不是什么新发现。过去的许多研究显示，大脑会用自己习惯的一侧做判断。惯用右手的人偏爱自己右边的东西和人，惯用左手的人则偏爱左边的。这是为什么呢？这些偏好是大脑天生的，还是后天习得的？纽约社会研究新学院的丹尼尔·卡桑托和宾夕法尼亚大学的伊万吉丽娅·克里希克进行了一系列实验，分别测试了这两种可能性。

为了弄清前一个问题（这种偏好是大脑天生的吗？），研究人员招募了 13 名右撇子，他们都因为大脑受损导致半身虚弱或瘫痪。其中 5 个人还能用右手，另外 8 个人右半身瘫痪，不得不改用左手。研究人员给病人看了一部卡通片，片中一个人的脑袋夹在两个空盒子中间。接着，他们告诉各位患者，这个人喜欢斑马，认为斑马是好的，但讨厌熊猫，认为熊猫是坏的（或者反过来）。随后，患者需要告诉研究人员，自己更喜欢斑马还是熊猫，想把它放在哪个盒子里，是左边的还是右边的。5 个右撇子都把“好”动物放在了右边的盒子里。改用左手的病人除了其中一个，都选择把“好”动物放在左边的盒子里。

从这个实验来看，似乎大脑的左右偏好确实能改，但这到底是天生的神经回路，还是后天习得的？为了排除前者，研究人员找了 56 名身体健康的右撇子，让一半人左手戴滑雪手套，一半人右手戴滑雪手套，从盒子里取出多米诺骨牌，每次取两块，左右手各一块，然后同时放在桌上的特定位置。如果哪张骨牌倒了，参与者只能用相应的手把它扶起来。换句话说，在实验过程中，有一半的右撇子被强制变成了左撇子。随后，参与者被送进另一个房间，做脑损伤患者做过的动物盒子实验。结果，3/4 右手没戴手套（还是右撇子）的人把“好”动物放在了右边的盒子里，2/3 右手戴手套（强制变成左撇子）的人把“好”动物放在了左边的盒子里。总共只经过 12 分钟的“训练”，就把相当一部分右撇子的偏好变成了“左”。

上述实验和类似的实验告诉我们，就连我们日常做的基本判断，都受到“习惯用哪只手”这样微不足道的因素影响。这是否意味着我们无法做出合理、理性的决策呢？当然不是。但这确实意味着我们的大部分决定、看法和判断会受方方面面的影响，影响因素多得超乎想象。接下来你会看到，这同样意味着，大脑是社会心理学意义上的传染源。

第十一章

大脑容易染上“流感”

“受我们影响的人，也会反过来影响我们，这一点怎么夸大也不为过。”

——埃里克·霍弗，美国“码头工人哲学家”

不但情绪会传染，肥胖也会

你跟一些朋友去参加派对，每个人似乎都很享受。正如你预料的，大家都在随心所欲地聊天。音乐声很响，离着几步远就听不清别人在说什么，但你似乎听见房间另一边传来了叫喊声。你听得越仔细，就越肯定那是叫喊声——两个男人在怒吼，声音盖过了音乐。你和几个人赶紧过去看看发生了什么事。很快，参加派对的人（除了那两个男人）都围了上来。有人把音乐关了——于是，这场争吵成了所有人关注的焦点。没过多久，争吵就升级成了大打出手。其中一人挥出一拳，另一个人侧身闪过，给了对方一肘子。两个人都没站稳，摔倒在茶几上，把茶几撞了个粉碎。最终，两个人被拽开了，被勒令马上离开——但他们离开后会发生什么事，所有人都心知肚明。于是，不少人跟在两人后面，看他们在外面继续大打出手。周围的人都在大声嚷嚷——有些为其中一个人助威，有些为另一个人鼓劲。接着，一群人开始冲另一群人怒吼，很快气氛就不对劲了，原本镇定友好的一群人似乎下一秒就要打起来。这一切都发生在短短的 6 分钟里。派对就这样惨淡收场了。

这个老套的故事是“社会心理传染”的典型案例——我们会受别人的情绪、想法和行为“传染”。大脑很容易被别人的情绪感染，也乐于再传染给别人。这跟大脑的其他倾向一样有利也有弊。愤怒（在上述例子中，愤怒还混合了歇斯底里）只是心理学研究确认的传染病之一。除此之外，还有：

- 指责
- 紧张
- 恐惧
- 厌恶
- 焦虑
- 快乐
- 道德义愤
- 风险感知
- 暴饮暴食
- 不道德行为

到目前为止，规模最大的针对情绪感染的研究，考察的是快乐如何在社交网络中传播。这项研究利用“弗雷明汉心脏研究”20 多年来搜集的数据，界定了“快乐传染病”的一系列重要特征。首先，研究结果显示，快乐可以在三层关系（比如朋友的朋友的朋友）中传播。研究人员还发现，被快乐的人（最好是亲戚朋友）围绕的人，未来更可能感到快乐。他们发现，快乐能将人们聚到一起，无论这些人最初有没有相似之处。简而言之，快乐极具感染力，效果也很持久，只有地理上的阻隔能让它减弱。

同一项研究在行为传染方面也有新发现。例如，如果我们的朋友抽烟，那么我们抽烟的概率就会提升61%。如果你朋友的朋友抽烟，那么你抽烟的概率也会提升29%。就算再隔上一层关系（朋友的朋友的朋友），你抽烟的概率还是会提升11%。（最近，有些统计学家对三层关系的新发现提出了质疑。但就算这些发现不算数，该研究的其他发现仍是切实可靠的。）

研究人员还做过另一项实验，考察了跨度长达32年的社交网络传染。他们发现，如果你的配偶发胖了，你发胖的概率会提高37%。如果你的亲密好友发胖了，你发胖的概率则会提高57%。

你的汗味让我乐于冒险

人们都拼命想要抑制冒汗。因为我们觉得，在公共场合腋下湿一大片实在太尴尬了。但2010年的一项研究显示，出汗对我们的影响远不止这些。事实上，别人冒汗会对我们造成影响，虽然我们通常意识不到。研究人员从刚完成高空系绳障碍课程的人身上收集汗液样本，放进无味的茶包里，让马上就要去赌博的人闻。另一组赌博者闻的则是刚骑完健身脚踏车的人的汗味。赌博的时候，前者比后者做判断的时间长，但更愿意冒险。由于两组人闻到的汗味没什么区别（每个人都说茶包的气味很难闻），可见冒险者的汗比普通人的汗更容易让人采取冒险行为。没有人能解释为什么会这样，但既然动物界充满了化学物质的影响（可以想想蚂蚁和蜜蜂），我们不难相信，人类也会发出类似的信号。

同步焦虑

社会心理之所以会传染，是因为人类相互依赖。我们不但会有意识地互相影响，还会在无意中通过情绪感染影响彼此。你可以想象一群鸟在地面上吃东西，一些鸟忽然受惊飞了起来。不出几秒钟，整群鸟就会陆续飞起，朝同一个方向飞去。前面提到的“失控的派对”也是典型案例。另一个例子是焦虑在人群中的传播。不管人群规模是大是小，一群人中间总会有些人比别人更容易焦虑。但研究显示，当整群人面对会引发焦虑的事物时，不管每个人的情绪控制能力如何，最后所有人都会达到同样的焦虑状态。

以色列特拉维夫大学的研究人员大卫·艾拉姆考察了几群田鼠面对天敌——饥饿的谷仓猫头鹰时的反应。研究人员很喜欢拿田鼠做实验，因为它们像人类一样有明显的社会特征，还会展现出一系列焦虑反应——这一点也很像人类。通过标准行为测试，研究人员发现，当谷仓猫头鹰飞过田鼠们单独关的笼子时，每只田鼠的焦虑上升程度差不多。作为一个群体，它们的焦虑程度各不相同。但当艾拉姆把不同焦虑程度的田鼠关在一起，让谷仓猫头鹰从它们头顶飞过时，焦虑立刻传播开来，所有的田鼠都变得非常紧张。

艾拉姆相信，当面临危机时，行为规范对群居动物有好处。这种行为一致性也许能用来解释，为什么人们会在遇到重大灾难后会投入宗教的怀抱。艾拉姆表示，即使是最容易焦虑的人，也能从宗教仪式中得到安慰。

当心“指责”这个怪物

指责是一种很有意思的传染病。1959年开播的美剧《阴阳魔界》（*Twilight Zone*）里对此有详细描述。枫树街是一条静谧的街道，某天晚上有颗流星划过，整条街突然断电，引起了人们歇斯底里的反应。街坊邻居都收到了坏消息：有些长得像人类的外星人意欲入侵枫树街。很快，怪事就陆续发生。例如，一栋房子里的灯时亮时灭，一辆无人驾驶的车突然自己开起来。没过多久，邻居们就开始相互指责，觉得对方是外星入侵者。直到一个被误认为是外星人的家伙不幸身亡，大家才停止了相互指责。整个过程中，两个外星人就坐在附近的小山上控制电力，感叹操纵人类的情绪实在是太容易了。

尽管《阴阳魔界》的创作者洛德·瑟林将故事娓娓道来，但整个故事设定实在是过于简单。不过，它说明了一点——指责的传染速度极快，通常会带来负面情绪。这一点是有科学依据的。南加州大学和斯坦福大学的研究人员发现，从心理学角度来看，公开指责某人就像朝一群人咳嗽，传播流感病毒。通过一系列实验，研究人员发现，目睹某人受指责的场景，会大大增加其他人为自己的过失指责他人的几率——即使这些过失跟他们目睹的场景毫无联系。指责这种传染病源于维护自我形象。研究人员相信，当你看见另一个人受到指责时，就会把维护自我形象视为目标。在上述实验中，如果参与者提前写下并确认自身价值观，再观看某人受指责的场景，就不会那么容易受传染。这就是所谓的“指责疫苗”。人们对自己越肯定（打的“疫苗”越多），就越不会想维护自我形象。

关于指责这个话题，我们就到此为止。那么，“指责”这枚硬币的反面是什么?

感同身受

越来越多的研究显示,大脑很难区分观察某种行为和亲自去做。事实上，同理心也会传染。它让我们设身处地为别人着想，对别人的情绪感同身受。我每次看见喜剧演员讲笑话冷场，都会有这种感觉。我会觉得无比尴尬，就像自己站在台上，被观众茫然的目光弄得无地自容。当我们被别人的情绪感染时，都会有类似的感觉——仿佛大脑分不清什么是我们在身边看见的，什么是实际发生在自己身上的。研究表明，当跟我们非常亲近的人感到痛苦时，我们的大脑也会有反应，就像痛苦是发生在自己身上。

耶鲁大学和加利福尼亚大学洛杉矶分校的心理学家从一个有趣的角度研究了这个现象。研究人员想知道，看见别人运用自控力的时候，我们的自控力是会增强还是会减弱。在实验中，参与者要观察别人运用自控力，或者阅读关于别人自控的文章。随后，他们要观察别人自我放纵，或阅读关于别人自我放纵的文章。

结果，观察别人运用自控力的人，表现出的自控力不如阅读自控文章的人。换句话说，对别人感同身受让他们累坏了，就像运用自控力的是他们自己一样。反过来，跟阅读自我放纵文章的人比起来，阅读自控文章的人自控力有显著提升。总的来说，阅读能起到强化作用。

结果会有如此明显的差异，原因在于心理距离不同。亲眼目睹能缩短心理距离，而心理距离越近，感同身受效应就越明显。阅读则有可能拉大心理距离（毕竟读到的人不在你面前），这则会减弱感同身受效应。

这些发现在现实生活也很常见。例如，研究显示，如果在一个工作团队里，某几个成员工作特别努力，其他人就容易感到疲惫。整个团队的精神状态会受其中一两个人影响。此外，像警察、医务人员和其他应急工作人员，自控都是基本职业素养。如果他们受感同身受效应影响，就很可能出差错，甚至酿成大祸。

说句题外话，我觉得“自控”这个说法不太恰当。社会影响发挥的作用远比我们想象的大。但话说回来，调节心理距离（虽说这么做并不容易）确实有助于增强自控力。但如果心理距离没有调节好，我们不是变成多愁善感的林妹妹，就是变成冷面无情的斯波克。

打哈欠的黑猩猩

打哈欠会传染，这绝不是什么新鲜事。最新研究指出，这也许有助于我们理解同理心的本质。埃默里大学耶基斯国家灵长类动物研究中心的研究人员通过对比人类和黑猩猩，剖析了打呵欠会传染背后的原理。他们发现，黑猩猩更容易被熟悉的同伴打的哈欠传染，看到陌生的猩猩打哈欠则没有那么容易被传染。耶基斯研究中心的马修·坎贝尔和世界顶尖的灵长动物学家弗兰斯·德·瓦尔认为，打哈欠会在黑猩猩群体中传播，反映了彼此熟悉的黑猩猩之间出现了感同身受效应。研究人员选取了分属两个群体的 23 只成年黑猩猩，让它们分别看 9 秒的视频片段，视频里是其他黑猩猩在打哈欠或者做其他事。看到同一群体的猩猩打哈欠，比看到其他群体的猩猩打哈欠，黑猩猩受传染的概率要高出 50%。

坎贝尔和德·瓦尔指出，打哈欠会传染，跟微笑、皱眉和面部表情会传染是同样的道理：它们都是同理心的表现，而有趣的是，这也存在认知偏差。这听起来也许有点奇怪，但上述研究结果不仅适用于黑猩猩，也适用于人类——我们更容易对熟悉的人感同身受。这种“熟悉度偏差”（familiarity bias）会在打哈欠这样的小事中体现出来。

前面提到过，大脑是个存在偏差的器官。这一点不难预料，毕竟大脑演化成这样是为了求生——其他部落的陌生人要比我们认识的人危险。（不幸的是，事实证明，我们认识的人也同样危险。但这是题外话了。）

案例研究：社会规范心理有助于减少暴力

有没有可能将杀戮视为心理传染病加以治疗？“停火”（CeaseFire）这个雄心勃勃的预防犯罪计划对此给出了肯定的答案。

该计划从独特的心理学角度入手，主要针对想要复仇的潜在暴力分子，而不是所有潜在的犯罪分子。如果拿流行病学来打比方，这就像某个计划是针对潜在的艾滋病毒传播者，而不是更广泛的人群。相关专家（称为“中止暴力者”）经过培训，对想要复仇的潜在暴力分子施加社会规范压力——就像阻止病毒向下一个宿主传播。与此同时，其他专家到学校里做宣传，表示复仇一点也不“酷”，形成不支持暴力复仇的社会规范压力。这个计划还吸纳了一些已经改邪归正的暴力罪犯，让他们现身说法。

长达3年的研究成果令人惊叹：巴尔的摩和芝加哥的枪击和杀戮率分别下降了41和73个百分点（研究人员表示，其中17～35个百分点完全归功于“停火”计划）。8个街区里有5个完全杜绝了复仇性杀戮，所有街区的暴力事件都明显减少。这个计划证明，改变社会规范能有效改变个人行为。原因在于，大脑中有一个倾向于服从社会规范的神经网络。反复强调的信息（包括关于惩罚的信息）会激活这个神经网络，导致特定行为发生改变。“停火”计划之所以能够成功，是因为它传播的信息特别针对这个神经网络，从而引起了实际行为的改变。

人类并不擅长识别谎言

感同身受效应有一个明显的缺陷，本章最后一部分会稍微提一下。过去20多年里，针对同理心的研究得出了结论：这种模仿他人行为和表达的倾向，不仅能在社交过程中减少摩擦，还能增进情感层面的相互理解。也就是说，模仿有助于人们感同身受，从而更容易和对方沟通。大量研究证明，这适用于真诚的交流。但要是碰上骗子怎么办？如果说模仿能让我更好地理解你，那你撒谎的时候我能意识到吗？

荷兰莱顿大学的心理学家开展的一项研究正好回答了这个问题。参与者要跟一些宣称刚给慈善事业捐了款的人交流（有些人确实捐了款，有些人则是撒谎），在此过程中模仿或不模仿对方的表达方式。参与者分为三组，第一组要模仿对方，第二组不要模仿对方，第三组没有得到特殊指示。

结果是，不模仿的人比模仿的人更擅长识别谎言，没有得到特殊指示的人则居中。值得一提的是，尽管不模仿的人在三组人中最不容易上当，但总的来说，这三组人都不太擅长识别谎言。这也印证了另一个久经考验的理论——总的来说，人类不擅长识别谎言。

这些研究成果有一定的实际意义。要是二手车推销员告诉你某辆车“很合算”，请不要轻易相信。同样的，请不要轻信任何推销员。不管他们说的是真是假，你最好还是保持客观的距离，而模仿会缩短这段距离。要是在书店或咖啡厅碰上有人告诉你“有个稳赚不赔的商机”，连理都别理他。

上面讨论的这些，不是说我们不该同情别人。事实上，在了解情绪感染的潜力后，最好多关注它的潜在缺陷，免得太快掉进陷阱。同情别人和提防谎言完全可以并行不悖。

第十二章

物品的隐藏力量

“你拥有的东西，最终会束缚你。”

——恰克·帕拉尼克，美国小说家

指尖上的大脑

若干年前，我曾是一个讲师团的成员，专为国家卫生机构做演讲，教他们如何向大众普及关于空气质量的知识。在正式演讲之前，我们接受了许多培训。最后一堂培训课上，一位经验丰富、机智风趣的演讲者带来了三沓捆得结结实实的文件，“砰”的一声扔在讲台上。课程开始前，我问他要拿那些东西干什么，他的回答是：过会儿你就知道了。

等到他做演示的时候，我终于知道那些东西的用途了。每当提到能支持自己论点的研究时，他都会高高举起一沓文件，让观众看清楚，然后重重甩到木制讲台上，让每个人都能感觉到它的分量。我没有问过他，那些文件究竟是不是他提到的研究，不过这不重要。效果已经显而易见了。

当时我并不清楚，这个小技巧用到了认知心理学家所谓的“具身认知”（embodied cognition）——身体感知（比如触觉）会深刻影响我们的思维方式。换句话说，大脑并不局限于我们的头颅之中。由于神经系统与思维紧密相连，所以身体对外界的感受也会影响我们的认知。然而，这个假设最有趣的一点是，我们根本意识不到这种影响。接下来，让我们来看几个相关实验。

思维的重量

一项名为“重量的重要性”的研究能够解释本章一开始的例子。研究人员通过多次实验，考察了重量感对做判断的影响。为了让你了解相关背景，我们先来看看重量对做判断有哪些显著影响。在英语中，“weighty”（沉重）这个词有“本质”“重要”的含义，而“gravitas”（庄重）这个词有“严肃”“严重”的含义，两者加起来正好符合我们对“gravity”（重力）这个词的理解——影响我们周遭万事万物（包括我们自己在内）的强大外力。我们还将重量视为判断体力的标准：一个人能（或看上去能）抬起的重量越大，就越让人惊叹。重量甚至能彰显一个人的社会经济地位，比如看他开的是普通轿车还是SUV（运动型多用途汽车）。我还记得，悍马刚上市时的宣传语是“六吨重的SUV”，仿佛强调重量就能让它比其他SUV更值得关注似的。

第一个实验中，参与者要手持写字夹板，估计几种外国货币的价值。有些人拿的写字夹板轻，有些人拿的写字夹板重。结果不出所料，拿较重夹板的人估价明显高于拿较轻夹板的人。

第二个实验跟第一个类似，只不过参与者不是判断货币价值，而是判断在一次重要决策会议上发言的重要性（研究人员提供的情境是，某大学董事会要在会上做出重要决定，这一决定跟参与者的利益息息相关）。这一次，拿较重夹板的人同样比拿较轻夹板的人更重视发言。这个结果证明，即使是在像“做决策”这么抽象的事情上，重量也扮演着关键角色。

最后两个实验中，参与者要表示“认同”或“不认同”某个观点。这是一个“认知精细化”（cognitive elaboration）测试，考察在特定因素影响下某人维护立场的坚定程度。结果再次证明，拿较重夹板的人立场更坚定，表明观点时更有力，说话语气也更重。

这一系列研究之所以了不起，是因为它们涵盖了具体和抽象变量（货币、决策、争论等），得出了一致的结论：重量会影响我们的思维，而我们根本意识不到。

苦味与重判

如果你尝过苦涩的滋味，大概一想起来就会皱眉头吧。根据布鲁克林学院的一项研究，糟糕的味道不仅仅是让人皱眉头这么简单。研究人员找了57名本科生，让他们对几种不道德行为（政客受贿、近亲通奸、人吃宠物）进行打分。打分之前，学生要喝下三种饮料中的一种：瑞典苦酒、果味甜酒、白水。打分按照百分制，100分代表最该受道义谴责。喝苦酒的学生打出的平均分是78，喝甜酒的学生打出的平均分是60，而喝白水的学生打出的平均分是62。喝甜酒和白水的两组打分基本相同，而喝苦酒的一组打分明显偏高。这就意味着，苦味会提升道义谴责程度。

如果你觉得温暖亲切，很可能是热咖啡作祟

如果你跟某人吵架，他对你爱答不理，你就会觉得自己受了“冷落”。如果你觉得某人很亲切，就会有一种“温暖”的感觉。我们习惯用类似的比喻来描述人际关系，但这些关于“冷”和“热”的词是否暗含字面意义？

《心理科学》杂志刊登的一篇文章探讨了真正的冷暖对人际关系的影响。换句话说，温度高低真的跟社交上的亲疏远近有关系吗？

这项研究包括三个实验。第一个实验中，参与者刚走进实验室，研究人员就会递上一杯冷饮或热饮。接下来，参与者要填写一份问卷（这仅仅是实验的准备阶段），然后挑一个自己认识的人，根据“他—我融合度量表”（Inclusion of Other in Self）给双方的关系打分。这份量表是用于判断双方的亲密程度的。在这段时间里，参与者无暇顾及自己为什么要一直拿着冷饮或热饮。他们只知道，自己需要填写几份问卷。

结果是，手持热饮的人感知到的亲密程度明显高于手持冷饮的人。这就验证了一个假设：身体感受到的温暖跟人际关系中的“温暖”紧密相连。

第二个实验考察的是，在冷热不同的房间里看电影片段，是否会影响观众对影片的描述。研究人员提出的假设是，较热房间里的人描述时会用更多的形象表达（比如“约翰打了大卫一拳”），较冷房间里的人则会用更多的抽象表达（比如“约翰对大卫发火了”）。实验结果表明，在描述同样的电影片段时，跟在寒冷房间里看电影

的人比起来，在温暖房间里的人确实用了更多的形象表达。此前的研究已经证明，形象的语言意味着关系亲密，抽象的语言意味着关系疏远。

有照片就够了

住过院的人都知道，如果有亲人陪在身边，会更容易承受痛苦。那么，如果用亲人的照片代替真人，还能起到缓解痛苦的作用吗？有一项研究试图找出答案。参加实验的是28名感情稳定的女性。她们被带进做实验的房间，她们的男友则被带进另外的房间拍照。参加实验的女性先做热刺激测试，测定疼痛阈值。阈值确定以后，她们要分别在以下几种情况下接受疼痛测试：

1、握住男友的手，但双方用帘子隔开；

2、攥住橡胶球；

3、握住陌生人的手；

4、看着电脑屏幕上男友的照片；

5、看着电脑屏幕上陌生男人的照片；

6、什么也不看。

参与者要填写21分制的量表，给每种情况下的痛感打分。结果不出所料，握住男友的手比握住东西或陌生人的手更能缓解痛苦，看男友的照片比什么也不看或看陌生男人的照片更能缓解痛苦。有趣的是，看男友的照片比握男友的手效果还要好一点点。我们的大脑似乎能通过看照片建立虚幻的联系，感到自己受到喜爱和支持，而这就足以减轻实际的痛苦了。此外，正如实验结果显示的，在某些情况下，照片甚至比真人效果还好。

硬板凳的作用

2010 年发表的一份广为人知的研究报告很好地验证了“具身认知理论”。来自麻省理工学院、哈佛大学和耶鲁大学的研究人员做了六个实验，探讨了物体的硬度、重量、形状、质地对人们做决策（与物体本身完全无关）有何影响。研究结果显示，进行商业谈判的时候，坐在坚硬、牢固的椅子上效果更好——这会让你在谈判时立场更坚定。如果你要去参加工作面试，最好把简历放在精心设计、看着沉甸甸的公文包里。因为根据这项研究，沉重的物体会让应聘者看上去更有分量。如果你邀请约会对象到家里吃晚饭，尽量让家居布置看起来“柔软”一些，因为表面粗糙、质地坚硬的物体会让社交沟通变得更困难。所以，赶紧把边缘尖锐的玻璃器皿收起来吧，这样你才更有可能赢得芳心。

从这么多角度探讨了物体对人的影响后，接下来就要说到日常生活中最重要的东西了。要是少了它们，我们将迷茫不知所措。

第五部分

记忆与榜样

第十三章

改写记忆

“时间与记忆是真正的艺术家，它们能重塑现实，满足人内心的渴望。”

——约翰·杜威，美国哲学家

你确定你看见了？

作为美国环境保护署的顾问分析师，我花了很多时间做研究，想知道提高儿童铅中毒关注度的全国性宣传能否触及目标人群（住在城区老房子里的儿童的父母）。电影映前广告是普及铅中毒常识的方法之一。我在巴尔的摩的几家影院做了两种现场调查：第一种是观影前调查，弄清人们对铅中毒的认识程度；第二种是观影后调查，弄清映前广告是否发挥了作用。前者用于确定基准线，后者用于确定广告提升意识的程度，以及人们能想起广告中多少内容。

做过几次现场调查后，我发现事情有点不对头。我很清楚，即使在最理想的情况下，广告记忆率也不过30% ~ 40%（事实上接近25%）。但在影院的调查中，广告记忆率竟然高达60% ~ 80%——比预期的高出一倍，这在公共宣传领域是史无前例的。因此，在下一次做现场调查的时候，我决定在观影后调查中换一些问题，不再问观众能否想起映前广告，而是问他们能记起哪些内容。结果显示，尽管大部分人都宣称自己记得有铅中毒广告，但很少有人能想起广告的具体内容。

这到底是怎么回事呢？经过深入研究，我得出了一些结论：大部分人是在影院大厅里不知不觉中搜集到了信息碎片，比如在我们用的桌子上瞄到了环保署标志，跟接受调查的观众擦身而过时听到了“铅中毒”这个词，或是无意中听见接受调查的人离开影院时的只言片语。事实上，只有不到30%的观众能回忆起广告内容，其他人只是搜集了足够多的信息碎片，却自以为看过了广告。那些碎片混在他们的记忆中，我们提的问题则成了粘合剂，使他们把碎片粘到了一起，确信自己看过广告。

这个例子证明了一个我们通常不愿承认的事实：我们的记忆有真有假，其中假的成分跟真的一样多。就算我们发誓记得清清楚楚，充其量也只是记得片段。这对我们生活的方方面面都有影响。很多情况下，我们的记忆（无论是真是假）还会影响到别人的生活。但在深入探讨记忆有多不可靠之前，不妨先花几分钟了解一下记忆的运作原理。

记忆的分类

记忆可以分为两类：外显记忆和内隐记忆。外显记忆（也称为“陈述性记忆”）主要包括词语、数字和事件。或者，用神经生物学术语来说，它是关于语义和情节的记忆。例如，当我们试图回忆2004年跟家人一起外出野营时发生了什么事时，就会用到外显记忆。

内隐记忆（也称为“非陈述性记忆”）就是所谓的“肌肉记忆”。

也就是说，一旦我们学会某种运动技巧，就永生不忘。为什么你不用想就知道怎么剪指甲、怎么刷牙？因为内隐记忆帮了你的忙。

以上是最常见的记忆分类法，但记忆也可以按时间分类。第一类是工作记忆（working memory），也就是我们常说的“短时记忆”（short-term memory），包含我们此时此刻主动思考的东西。在早期的分类法中，工作记忆和短时记忆被视为不同的两类。当时，人们以为短时记忆只是被动储存与关注、意识有关的信息的区域。但现在，工作记忆和短时记忆被归为了同一类。

第二类是长时记忆（long-term memory），也就是所有“能想起来的东西”储存的地方。长时记忆可以是最近的记忆（比如新背的单词），也可以是久远的回忆（比如童年记忆）。区分短时记忆（工作记忆）和长时记忆的方法是，你现在意识到的东西都属于短时记忆。大多数观点认为，短时记忆容量有限，最多同时记住 7 样东西。长时记忆包含此时此刻并不活跃但能回想起来的东西。例如，你昨天考试前临时抱佛脚背下的内容，你 8 岁的时候家里的住址，都属于长时记忆。

过去几十年里，最激动人心的神经科学发现大概是：大脑不是一成不变的，它终其一生都在不断变化和适应。这就是所谓的大脑可塑性（brain plasticity）。对于记忆和学习来说，大脑可塑性是不可或缺的。具体来说，大脑“可塑”的部分是突触，也就是神经元之间传输信号的连接点。成年人大脑中的突触放大后呈不同形态，有些像蘑菇，有些像丘陵，有些像绵延的山脉。最奇妙的是，大脑中突触的形状会根据需要发生改变。根据神经元的需要，它会从一种形状变成另一种。这在我们一生中随时随地都会发生。

还有一个跟大脑可塑性有关的新发现，那就是，神经元的活动量直接影响它们未来能否继续紧密相连。认知科学家通常的说法是“一起放电的神经元紧密相连”。这就意味着，围绕某件事构建记忆时，神经元活性越强，记忆就越深刻。这就是为什么在回忆充满感情色彩的事件时，我们往往能想起栩栩如生的细节。我至今清楚地记得，挑战者号航天飞机升空爆炸的时候，我站在加利福尼亚州高中门口。我当时仰面望天，能看见爆炸产生的滚滚浓烟。所有历史性时刻都会带给人同样的震撼。因此，它们比同时发生的其他事件更容易回想。事实上，就在我写这本书的时候，又一个历史性时刻出现了：美国总统宣布本·拉登被击毙。我觉得对“9·11”恐怖袭击事件的回忆终于可以告一段落了。我至今清楚地记得，第一次得知那次恐怖袭击时我在干什么。如今，我会牢牢记住，那次恐怖袭击的策划者在逃亡近十年后终于被击毙。这类震撼人心的重大事件会引起剧烈的神经活动。它们留下的印记就算不够完美，也会伴随我们一生。

然而，大多数记忆并非如此。就算是强烈感情冲击形成的清晰记忆（通常称为“闪光灯记忆”），也会随着时间的推移日渐模糊，留下无数裂痕和空白。随着时间一点一滴流逝，我们会忘记详细精准的细节，只留下大体印象和不连贯的细节。而且，我们年纪越大，记忆中的细节就越不连贯。

一边记忆，一边遗忘

为了弄清为什么会发生这种事，认知科学对记忆的研究远远超过了其他课题。因此，我们可以从众多研究中汲取经验，更好地理解记忆背后的秘密。就目前所知，大脑喜欢重构记忆，而我们经常将重构的东西误认为是准确无误的回忆。

我在这一章中想告诉你的是，记忆非常不稳定，很容易改变。这是个坏消息。但好消息是，这种不完美的记忆是进化过程中适应环境的产物，在大多数情况下对人类的生存繁衍有好处。对于一个从不休息的信息处理系统来说，只有旧记忆不断消失，新记忆不断形成，才能维持系统高效运转。信息经过层层筛选，部分存入长时记忆，这是一个适应环境的过程，让大脑得以存储未来用得到的关键信息，剔除不值得留意的琐碎小事。这个过程并非总是井然有序，信息筛选也常常不合人意（想想有多少记忆是你希望忘掉的）。但如果从物种生存的角度来看，一切就说得通了。哪里能找到最好的食物和水源，哪里最适合狩猎，哪里需要当心猛兽，如何安全返回家园，这些都是需要牢记的重要信息。对我们的祖先来说，牢记细节可谓生死攸关。

不过，对我们这些现代人来说，尽管记忆有神奇的适应性，但要处理当今社会的海量信息，它仍然面临众多挑战。我们随时都有无数需要记住的事，大脑并不足以应对泛滥的信息。我们希望能回想起来的东西，远远超过大脑所能承受的——其实，大脑能处理的信息量已经极为庞大了。

关于记忆，有许多不恰当的比喻。我们也因此得出了错误的结论。例如，“书架”的比喻让我们觉得，找回一段记忆就像从井然有序的书架上找本书那么简单。“电脑”的比喻则让我们觉得，大脑把所有文件都存在了硬盘上，很容易就能搜索出要找的内容。这些比喻都犯了同一个毛病：记忆并非位于大脑的某个位置，而是散布于脑中各个区域。但由于我们更容易接受上述比喻，而不愿意接受“记忆杂乱无章”这个事实，所以误解还将继续存在。

接下来，我们会看到一些实验。它们展示了记忆到底有多善变。

照片可以改变记忆

大多数人都认为，记忆之所以不可靠，是因为同一时间发生的事太多了。所以，我们会忘带钥匙、忘记密码、忘记是否关烤箱，等等。但有多少人愿意承认，自己的记忆容易受到外界因素的影响？这跟时常发生的“忘记”不一样。毕竟，如果别人想改变我们的记忆，就得“钻进我们脑子里”，不是吗？

事实上，外部因素不费吹灰之力就能发挥作用——只需要一些图像和一点时间就够了。费尔菲尔德大学心理学系的琳达·汉高开展了一项研究。她想弄清，给人们看展示已完成行为的照片（比如掰断的铅笔或打开的信封），特别是多次看见同样的照片，能否让他们相信自己做过其实没做的事。实验中，研究人员向参与者展示了桌上的一系列物品，并让他们对每件物品做一件事或想象做一件事（比如“砸开核桃”.）。一个星期后，参与者回到原处，看电脑屏幕上随机出现的一系列照片，照片展示的是已完成的行为（比如“砸开的核桃”），每张照片重复出现 1 ~ 3 次。部分参与者没有看任何照片。

一个星期后，所有参与者回来参加记忆测试。问卷里列举了一些行为（比如“我砸开了核桃”），参与者要做出选择，表示自己是做过这件事、想象过做这件事，还是既没有做过也没有想象过这件事，然后用 1 ~ 4 给自己对答案的信心打分。结果显示，参与者看到已完成行为照片的次数越多，就越容易认为自己做过那件事，即使他们仅仅是想象过做那件事。看过一次照片的人，误以为自己做过此事的概率要比没看过照片的人高出一倍；看过三次照片的人，误认的概率要比没看过照片的人高出两倍。

这项研究中有两个因素证明了记忆的可塑性。第一个因素是时间。实验每隔一个星期做一次，这段时间足以让记忆变得模糊，但不足以彻底遗忘。这跟现实生活中的情况类似，比如目击证人指认罪犯要趁早，最好在几天内进行，千万不要拖到几个星期之后，不然相关记忆就会渐渐消失。

第二个因素是重复。这项研究显示，即使只看过一次展示已完成行为的照片，记忆也会深受误导。要是多看几次，记忆简直就是错误百出了。

既然有视频为证，那我肯定有罪

既然静态的图像能影响记忆，那么动态的视频能不能呢？毕竟，在这个电子媒介占主导的世界里，你永远无法百分百确信在屏幕上看到是事实和真相。英国华瑞克大学的金伯利 · 韦德、萨拉 · 格林和罗伯特 · 纳什做了两项关于记忆的研究，很好地解释了这个问题。

在第一项研究中，研究人员想弄清楚，能不能说服人们相信自己做过其实没做的事。为了达到这个目的，他们设计了一个多选项的电脑赌博任务，参与者可以通过回答问题赢钱。钱存在网上银行里，取款全靠电脑程序给参与者的提示：如果答题正确，他们就会收到取款提示；如果答题错误，他们就会收到存款提示。参与者完成任务的全过程都被录成了视频。

事后，参与者要坐下来跟一名研究人员讨论这个任务。讨论期间，研究人员会说他发现做任务过程中出了问题，指控参与者从银行里偷了钱。他会对一部分参与者说“视频显示你偷了钱”（但没有把视频放给他们看），另一部分参与者则会亲眼看到“证明”他们偷钱的视频。参与者不知道的是，视频经过后期加工，显示他们在做根本没做过的事。接下来，研究人员让参与者在供认状上签名，声明自己确实在该存款的时候取了钱。每个参与者都有两次机会签署供认状。最后，所有人都签了名。事实上，第一次让他们签名的时候，已经有 87% 的人乖乖就范，剩下的 13% 则是在第二次的时候屈服了。有趣的是，就连只是听说有视频、其实并没看到的人，最终也缴械投降，签署了供认状。

第二项研究的内容基本一致，但考察的是人们是否会指控别人做了其实没做的事。这次同样是赌博任务，但不是由一个人完成，而是两个人并肩作战——两人的座位紧挨在一起，对方屏幕上的一举一动尽收眼底。整个过程同样会被录成视频，视频也会经过后期加工，显示其中一个人偷了钱。

事后，另一个“无辜”的参与者会跟研究人员一起讨论，被告知视频显示他的同伴偷了钱。研究人员会说，为了声讨这种行为，你需要签署一份配合视频证据的证词。跟第一项研究一样，有些人仅仅听到这句话就照办了，另一些人则是在看过视频后同意的。（还有另一部分人是对照组，他们既不知道有视频存在，也没有看到视频。）

结果是，研究人员第一次请他们签署证词时，看过视频的人有近 40% 照办，10% 的人在第二次提出时才投降。没看过视频的人只有 10% 同意签名。根本不知道有视频的人有 5% 同意签名。这个结果给我们敲响了警钟——视频能塑造和扭曲记忆。它不但能改变我们关于别人的记忆，也能改变我们关于自己的记忆。在第一项研究中，最关键的不是看视频。光是被告知“有视频为证”，就对我们的记忆产生了巨大的影响。第二项研究中最值得注意的是，有些签署证词的人很确信同伴偷了钱，甚至能“回忆”起当时的一些可疑行为，就像他们一开始就知道对方图谋不轨似的。

信任的陷阱，虚假的记忆

上述例子探讨了视觉信息是怎么影响记忆的。接下来，让我们抛开视觉元素，看一看信息可信度（更准确地说，是信息提供者的可信度）对记忆的影响。例如，如果你特别关注某位新闻评论员，认真拜读他写的每一篇文章，就很可能在不知不觉中落入“信任的陷阱”。研究显示，一旦我们对特定知识来源产生信任，未来就不大可能怀疑从中获得的信息。加州大学欧文分校的伊丽莎白·洛夫特斯及其团队对此进行了拓展，显示“信任的陷阱”还会导致虚假记忆——而且不仅仅是短时记忆。

研究人员精心设计了一个实验，让两组参与者看一系列配有文字描述的图片。第一组（称为“扰乱组”）看到的大多是对图片的准确描述，对照组看到的则大多是错误描述。看完图片后，两组人都要做记忆测试，看他们记住了多少正确或错误的信息。

一个月后，参与者回到实验室做同样的实验。但这一次，扰乱组和对照组一样，看到的都是错误描述。看完图片后，两组人也要像上次一样做记忆测试。

结果是，在第一次实验中，扰乱组的记忆正确率高达 82%，比对照组的 57% 高出一大截。这是意料之中的，毕竟对照组在实验中看到的大多是错误信息。

一个月后进行的第二次实验中，两组人看到的都是错误信息，结果扰乱组的记忆正确率只有 47%，对照组则有 58%。扰乱组明显低于对照组。

出现这种结果的主要原因是，扰乱组掉进了“信任的陷阱”。由于第一次实验中的图片描述大多是准确的（因此记忆测试得分较高），参与者就认定信息来源可靠。相比之下，对照组没有理由相信这个信息来源，所以在两次实验中记忆正确率基本持平。

最有趣的是信任效应的持续时间。研究人员隔了一个月才做第二次实验，使信任效应有充足的时间消失，可它并没有消失。这个实验在现实生活中也很有意义。目击者的证词可能受此人信任的信息来源（比如媒体、警探或其他人）影响，从而发生改变。上述研究显示，发生这种事的可能性很大。事件发生后接触到的任何信息，都可能改变目击者的记忆。

错误信念：虚假记忆的产物

这么多年来，认知心理学唯一敢说自己彻底弄清了的事，就是人类特别容易上当受骗。只要轻轻推上一把，我们就会对别人（甚至是自己）产生错误信念，结果甚至会令人难以置信。大多数错误信念都源于虚假的记忆。

例如，2001 年开展的一项研究中，参与者要给“儿时见到恶魔附体”这个说法的可信度打分，还要说说自己小时候是否亲眼目睹过这种事，对自己这方面的记忆有多少信心。填完问卷后，他们要阅读几篇指定的文章，内容是儿时见到恶魔附体非常普遍，还有成年人在采访中宣称自己小时候亲眼目睹过这种事。读完文章后，他们不但相信“儿时见到恶魔附体”的说法可信，也更相信自己小时候亲眼目睹过了。

在另一项不那么惊悚的研究中，参与者要回忆自己小时候是否做过灌肠，并给自己记忆的可信度打分。跟前面提到的研究一样，在填完问卷后，他们要看一系列“可靠”信息，显示儿童做灌肠非常普遍，以及做灌肠的详细步骤。不出所料，重新回答问题的时候，他们都更相信自己小时候做过灌肠了。

南威尔士大学的研究人员斯蒂芬妮·莎曼试图验证“普遍性信息”（证明某些事件经常发生，让人觉得这种事跟自己息息相关）对错误信念的形成有什么样的影响。实验中，参与者要给十件事发生的可能性打分，最低是1分（绝对不可能发生），最高是8分（绝对会发生），还要给自己是否亲身经历过这些事打分，最低为1分（绝对没经历过），最高为8分（绝对经历过）。这十件事里，既有很可能发生的事（比如“小时候我在商场里走丢过”），也有几乎不可能发生的事（比如“我被外星人劫持过”）。

两个星期后，参与者回到实验室，阅读上次实验中自己认为不太可能发生的四件事（比如被外星人劫持）的相关资料。资料包括报刊文章、别人的描述、过去的研究数据等等——这些资料都是为了证明，这些事的发生频率比他们想象的高。结果显示，这些普遍性信息影响了错误信念的形成。特别值得注意的是，读过伪造的报刊文章后，参与者更相信自己亲身经历过文章里提到的事了。这证明，白纸黑字对记忆有巨大的影响。

上述两个实验告诉我们：首先，我们得承认自己跟地球上其他人一样容易上当受骗。大脑是由无数谬误组成的奇迹，只有没脑子的人才能免于上当。其次，意识到这一点有助于避开“信任的陷阱”。

核对清单可以延长寿命

《新英格兰医学杂志》刊登的一篇文章指出，全球各大城市的医院都在使用手术安全核对清单，这证明了不可靠的记忆有多危险。全球每年要做2亿3400万例手术。很难确定术后并发症的致死率，但根据我的估算，术后30天内病人的死亡率为1.5%～5%。即使按最低的1.5%算，每年也有350万病人术后不幸身亡。其中大部分（也许高达50%）源自感染和并发症。如果严格遵照手术安全流程，这些死亡完全是可以避免的。研究人员选择了多伦多、新德里、马尼拉、伦敦、西雅图等8个城市的8家医院。这些医院都是世界卫生组织“安全手术，挽救生命”计划的参与者，也是在社会经济和文化方面做比较的最佳案例。研究数据来自3733例16岁以上病人的非心脏手术。使用手术安全核对清单后，研究人员以同样的标准收集了3955例手术的数据，跟之前的数据做对比，并分析了术后30天内病人的死亡率和并发症发作率。结果显示，使用核对清单前，病人死亡率为1.5%，并发症发作率为11%；使用核对清单后，病人死亡率降至0.8%，并发症发作率降至7%。简而言之，使用核对清单使死亡率和并发症发作率降低了近一半。核对清单会提醒医务人员每次手术都遵照安全流程，导致病人死亡率和并发症发作率大幅降低。

记忆可以构建未来情景

停下来认真想想看，人类能在脑海里描绘未来的图景，这实在是件了不起的事。据我们所知，其他所有物种，包括我们的灵长类“亲戚”在内，都只能对眼下发生的事做出反应。它们能从这些事中汲取经验，用在将来发生的事上（例如，黑猩猩能学会把木棍插进蚁穴里捉白蚁，将来找到新蚁穴也会故技重施），但它们无法把复杂的信息碎片拼凑起来，在头脑中构建未来的图景。我们人类究竟是怎么做到这个的？

像认知科学领域的许多问题一样，对此我们无法给出确切答案。但最新研究指出，人类拥有“未来情景思考”（episodic future thinking）能力。也就是说，我们能根据过去的经历模拟出未来场景。最新的脑成像研究显示，回顾个人经历会激活大脑中的某些区域（包括后扣带回、海马旁回和左枕叶），当我们思考未来可能发生的事时，同样的区域也会被激活。

我们对未来的设想显然不是对过去经历的复制。不过，我们会汲取过去的经验，用来构建对未来的设想，就像警方的画师能凭借仅有的一点信息画出疑犯模拟像。我们的设想有时候贴近现实，有时候不切实际。设想的未来场景越是脱离实际经验，预测就越不容易准确。

这属于人类的抽象思维能力，算是一种适应性优势。想让大脑对周遭环境做出近乎准确的预测，就得收集尽可能多的过往信息，这样才能构建出多个可能出现的未来场景。也许是我们天生缺乏进取精神，所以用想象力来弥补不足。这种能力远远说不上完美，但它是强大的“内置”预测工具，而且还在不断演进。

第十四章

生来模仿，刻意练习

“光滑的冰面是善舞者的天堂。”

——弗里德里希·尼采，德国哲学家

马克斯兄弟（Marx Brothers）是擅长利用时机的喜剧大师。在 1933 年上映的影片《鸭子汤》（*Duck Soup*）中，他们令人忍俊不禁的表演完美展示了这一点。格鲁乔、哈珀和奇科都涂脂抹粉，鼻梁上架着圆圆的眼镜，脑袋上还戴着睡帽。他们看上去非常相似，几乎难以区分，这才有了著名的“照镜子”表演。格鲁乔站在门框的一边，哈珀和奇科站在另一边（但两人不是同时出现）。格鲁乔每做一个动作，哈珀或奇科都会依样照做，假装门框是一面镜子。格鲁乔心生怀疑，想打对面个措手不及，但无论他怎么做，对面都会照葫芦画瓢。这个场景持续了好几分钟，直到哈珀和奇科同时出现在门对面，这才穿帮。

我相信马克斯兄弟并没有意识到，他们生动展示了大脑的一种倾向，它对人类的生存和发展极为重要。我们是天生的模仿者，一生中大部分时间都在运用这种进化而来的“镜像术”。大脑乐于模仿，而模仿在很大程度上是自发的，与有意识的主动回应截然不同。请注意，这不是说我们生来就是白纸一张，但我们确实生来就会模仿观察到的行为。如果没有这种能力，我们可能至今还迷失在丛林中。

有些动物刚出生时不像人类婴儿这么脆弱无助。如果你见过小马驹出生，看见它刚生下来就能站稳，肯定会大吃一惊。过不了多久，它就能保护自己了。黑猩猩的幼崽和人类的婴儿一样，刚出生的头一年基本什么也做不了，但它会紧紧抓住妈妈不放。这是一种天性，是完全自发的行为。相比之下，人类刚出生时只有一种显而易见的能力——观察力。人类婴儿坐不直、抓不住，更别提站稳了。但我们强大的大脑在做的事，重要性远远超过上述能力。随着时间的推移，它带给我们的好处会逐渐显现出来。我们是地球上最善于学习的物种，人类大脑的优势从很早就开始显现了。

大脑拥有神奇的模仿学习能力，这是个好消息。但坏消息是，如果过度模仿，这种能力就会成为不利因素。此外，大脑不太善于控制这种能力。如果一个人完全无法控制模仿，就得了所谓的“模仿症”。他的大脑无法抑制模仿别人的行为。自闭症患者中有相当一部分也患有模仿症。模仿症患者弄不清自己和别人的区别，似乎大脑分不清眼前是自己的镜像还是别人。当然，我们大部分人都没有得模仿症。但即使是正常运作的大脑，在这方面也存在缺陷。

儿童的模仿

针对模仿的心理学研究显示，当儿童被要求重复成人的动作时，他们这么做不只是为了达成目标——行为本身和达成目标同样重要。这或许是因为人类儿童很容易被说服，即便他们并不想这么做，也会接受成人的指派。又或许是因为模仿是最有效的学习策略，即使模仿的行为不合逻辑也没关系。

《美国国家科学院院刊》刊登了一篇题为《过度模仿的隐藏构造》的研究报告，对这个现象进行了探讨。研究人员想要弄清，为什么儿童愿意重复跟自己无关的成人动作，而连黑猩猩都不愿意这么做。在实验中，成人会从“神秘盒”里取出一样东西。盒子上有各种各样奇怪的小机关，但取出东西其实并不需要用到那些机关。儿童被告知要模仿成人的做法。即使研究人员的明确指示是“取出东西”（显然只需要做一个简单的动作），儿童还是会模仿成人的每个动作，扯扯这儿，拽拽那儿，最后才把东西取出来。做同样的测试时，黑猩猩则会按照指示一下子取出东西。实验得出的结论是，模仿倾向不只是人类的社交机制，还是与学习有关的认知过程——而学习是要付出代价的。儿童看到成人有意识地摆弄一样东西时，会认为成人采取的每一步都有意义。研究报告是这么说的：“这种有因果联系的自发编码过程使儿童在面对难以理解的事物时迅速调整认知，但这是要付出代价的。成人做出的不必要行为（即使显而易见）也会被儿童误认为相当重要。”

这项研究显示，同样的编码过程也会对我们造成影响，使我们像儿童一样误认为毫无意义的动作十分重要。这种影响相当显著，一旦开始就很难停下。

这意味着，说到“从实践中学习”，人类天生就不辨对错。好的容易学，坏的也容易学，我们学的时候根本不会加以区分。

接下来要探讨的是，如何将“从实践中学习”用于日常生活。首先，我们来看一看如今已是声名狼藉的“专家”。

如何成为专家，其实并不重要

过去几年里，关于付出多少时间和汗水才能成为专家的讨论实在太多了，市面上有很多书比我说的详细。我们都听过“一万小时定律”，也就是说，至少需要一万小时的实践才能成为专家。我不打算花这么多时间验证这个定律。你只需要知道，成为专家需要长期持续的投入。事实上，这要花掉我们一生中大部分的时间。

显然，时间不是唯一的必备条件。如果你做的事情不对，花再多时间也无法成为专家，还不如用那些时间看看电视呢。时间只是先决条件，并不是只要花时间就行。除了肯花时间，还需要集中精力、思维缜密、严于律己、雄心勃勃——更别提还需要良师益友了。此外，还要注意劳逸结合。

关于“专家”的讨论就到此为止吧。因为在我看来，这实在没什么值得讨论的。对大多数人来说，怎么做好手头的事，或是自己想做的事，避免筋疲力尽或过早放弃，这才是更重要的。我想说的是，大脑很容易落入“筋疲力尽”或“过早放弃”的陷阱，主要是因为我们得跨越重重障碍，才有可能达成目标。

不知道就是不知道

如果你担任过与自身能力不符的职务，肯定还记得当时尴尬又迷茫的感觉。我们本以为知道怎么做好工作，结果却证明是误判。我们缺乏工作必需的知识和素养，也就是通常所说的“力不从心”。

我们不知道的东西竟然对自己造成了威胁。头一次开餐馆的人常说，他们不知道自己是哪根筋搭错了，竟然选了这一行。在外行人看来，开餐馆似乎挺简单。只有等你自己开了餐馆，接触到许多原先不了解的内幕，才会知道其中的艰辛。事实上，这就像蹒跚学步的孩子参与成人的游戏。

当然，勇于尝试总比不敢尝试要强。所以，大多数人都愿意放手一试。但我们会自欺欺人，以为不用费太大力气就能适应新工作，就能取得成功。

我们真正该思考的是如何尽快适应新工作。只有通过心理学家K·安德斯·埃里克森所说的“刻意练习”（deliberate practice），也就是根据新角色或新职位的需要，培养特定领域所需的技能，才能做到这一点。不管是投入一万小时还是五千小时，如果不是“刻意练习”，花再多的时间也没用。这一点非常关键，因为在漫无目的的练习中浪费精力，只会消耗大脑储备的能量。在这上面花的时间越多，就越有可能害得自己筋疲力尽，最终不得不放弃。

一般性还是特殊性？

“刻意练习”的关键在于，到底是一般性策略更有效，还是特殊性策略更有效？对于学习技能和学会思考来说，这一点非常重要。一般性策略不会根据具体情况发生改变。例如，如果警官查理学的是“安全解除罪犯武器”的一般性策略，那么只要遇上手持武器的罪犯，他都会这么做。通常情况下，一般性策略足以解决问题。

然而，如果查理遇上了超出能力范围的特殊情况，一般性策略就派不上用场了。例如，他是解除武器的专家，但万一罪犯裤兜里还藏着一把枪，袜子里还塞着一把刀，那应该怎么办？如果查理从来没遇见过类似的情况，也没接受过相关训练，他的惯用策略就可能失效。

《认知科学》刊登的一篇研究报告证明了这一点，只不过举的例子没有解除武器那么刺激。研究人员邀请了多位擅长不同开局的国际象棋大师，让他们用自己擅长或不擅长的开局对弈。所有棋手的棋力都差不多。结果，棋手在用自己擅长的开局时表现格外出色，对弈过程中的整体表现也超过水平相当的棋手。换句话说，特殊性策略战胜了一般性策略，提升了棋手的整体竞技水平。

这项研究显示，在学习如何解决问题时，从熟悉的领域入手要比笼统的了解好。关键在于记忆。我们对特殊经历的记忆有助于解决新问题。如果你拥有出色的一般性常识，但缺乏应对特殊情况的记忆，能力就仅限于此了——如果你是查理的话，这样可远远不够。

魔术师如何通过模仿制造错觉

魔术师会变戏法，似乎能让物品突然出现或突然消失。我们大多数人都做不到，这就让他们的手法显得格外神奇。《美国公共科学图书馆电子版》（*PLoS ONE*）刊登了一篇研究报告，利用“动作捕捉技术”的新手段，揭示了魔术师是如何骗过我们的眼睛的。

10 名普通人和 10 名魔术师坐在桌前，桌上摆着一个木块。研究人员请大家伸手去拿木块，或是假装去拿旁边想象中的木块。参与者伸手去拿木块时，视线会受到遮挡。动作捕捉显示，普通人拿实际木块和想象木块的手法不一样，魔术师的手法却一模一样。

后续实验中，木块换成了电池。但参与者假装去拿想象中的电池时，桌上真正的电池会被撤走。在这种情况下，魔术师和普通人通常都做不到。上述实验表明，魔术师会用实际物体的位置给想象中的物体定位。经过长时间的练习，魔术师大脑中的一些区域变得极为活跃，使他们具备了空间推理能力，动作更加迅速准确，导致普通人的双眼完全跟不上。

出租车司机与入室窃贼

伦敦出租车司机必须经过多年训练才能取得执照，训练内容包括记住城里大大小小 25000 条街道的分布。心理学家凯瑟琳·乌莱特及其团队开展了一项研究，考察出租车司机能否在新环境中充分运用这项专业能力。

出租车司机和对照组先要看一部视频，展示爱尔兰某小镇的街道分布，然后接受测试，包括在纸上画出路线、辨认地标、估算两地之间的距离等。出租车司机和对照组的表现都不错，但出租车司机在识别道路方面表现更出色。实验结果显示，出租车司机的专业能力可以用于未知区域。多年的训练和“刻意练习”让他们做好了准备，即使在陌生的地方也不惧挑战。

事实证明，仅从专业能力的角度看，入室窃贼与出租车司机有不少相似之处。研究人员采访了 50 名目前在押的入室窃贼。他们每个人过去 3 年里至少作案 20 起，其中一半人作案超过 100 起。研究人员问他们是怎么进行室内搜寻的。超过 3/4 的窃贼将其描述为“例行套路”，不少人都用了“下意识”或“本能”这样的词。研究还发现，经验丰富的窃贼只要花不到 20 分钟就能找出屋里值钱的东西，然后统统卷走。窃贼们都说，大多数时候他们不用想该怎么做，多年的经验使他们轻车熟路。相似的屋子，相似的布局，他们不用动脑子就能搞定。当然，我不是让大家以他们为榜样。但从专业能力的角度看，这确实能给我们一些启发。

找准目标

教练总是叫运动员要“动脑子”，用这三个字来结束这一章再合适不过了。大脑很愿意“动起来”，但如果我们一味蛮干，做事没有方向和目标，结果肯定好不了——只会筋疲力尽，感到幻灭，过早放弃。最好尽早找准目标，弄清自己需要哪些帮助，这样才能事半功倍。

第六部分

说到不如做到

第十五章

远离套路的 50 条建议

“行动胜于一切。”

——F · S · 菲茨杰拉德，美国作家我站在超市的熟食柜台边，旁边五六个人和我盯着同一样东西——墙边巨型烤箱里旋转着的烤鸡。烤箱的计时器显示，还有三分钟烤鸡就能出炉了。更多的人聚拢过来。我朝柜台挪了两步，其他人也在这么做。周围的气氛越来越紧张，我开始焦虑，心跳加速。接着，我停了下来，思考自己为什么会有这种感觉。围在柜台边的人都看得清清楚楚，即将出炉的烤鸡足够大家分的了。就算烤鸡不够，超市里吃的还多着呢，肯定不会有人饿肚子。再说了，我们都是成年人，懂得先来后到的道理，犯不着为了一点吃的大打出手。尽管如此，气氛还是极度紧张。

我只知道，我没法改变大脑"为了获取食物，时刻提高警惕"的倾向。这是大脑生来就有的神经回路。事实证明，它在某些情况下有用武之地。我能做到的是，弄清到底发生了什么事，为什么自己会有这样的反应，然后试着放松。

这个简单的例子说明，为了有效应对大脑的这种倾向，我们必须做到两件事——提升意识，付诸行动。想要付诸行动，关键的一步就是意识到自己在做什么。原因在于，只有思考才能促成改变——

我们必须停下脚步，弄清到底发生了什么事。这就是为什么科学的帮助比普通的励志书有用。认知科学研究成果为我们提供了实用工具，有助于提升意识，促成行动。我不是说它们能提供完美的行动指南，只是希望你在读过类似本书的作品后，能学到一些实用知识并付诸实践。关键在于，请牢牢记住，在我们付诸行动之前，“知”与“行”之间的裂痕永远存在。

在这一章接下来的部分里，我会从本书提及的研究中汲取智慧，精选出一些实用知识点。有些是前面的章节里提过的，有些则是第一次出现。

1. 别着急，先缓缓

只要我们放慢速度，认真思考该怎么做，很多问题都会迎刃而解。当然了，某些情况下我们没时间“先缓缓”，只能靠直觉做出反应。但通常情况下，我们都有充足的时间做决定、下结论。例如，踩刹车能阻止你犯“路怒症”，冲路上的行人发泄怒火——这种事很可能迅速升级，演变成恶性事件。放慢速度让我们有时间思考问题是怎么出现的，自己是否考虑了所有因素。“暂停片刻”能让你反思即将采取的行为，想想这么做会不会酿成恶果，比如边开车边用智能手机回电子邮件（开车时一心两用），而不是等闲下来再集中精力思考该怎么回复。简而言之，放慢速度适用于本书提到的几乎每件事。如果更多的人凡事能三思而后行，每个人都能过上更美好的生活。

2. 既有观念如何影响当下的想法

我们都是存在认知偏差的思考者。没有人是“白板一块”。也就是说，没有哪个人的认知不受既有观念影响。问题在于，我们意识到这一点了吗？种族主义者常常这么为自己辩护：“我从小就是这么被养大的。”这也许是真的。童年印记是既有观念的主要来源，而且大多根深蒂固。但只要每次遇到类似的情况，都迫使自己意识到它的影响，就能渐渐对整个不可靠的思维体系发起冲击。认知心理学研究一次又一次证明，日积月累、潜移默化的改变，要比一下子彻底改变有效得多。向固有的思维模式发起挑战，需要耗费大量时间和精力，而且需要持之以恒。

3. 提防“易得性偏差”

正如前面提过的，大脑喜欢根据最容易获得和理解的信息做判断。例如，人们通常会高估犯罪率。心理学研究人员指出，这是因为媒体极其关注犯罪事件，使观众很容易接触到这类信息。同样的道理，如果你只接触某一类观点，就会忽略其他观点。容易接触到的这个观点（比如政治观点）会使你产生认知偏差，认为只有它是正确的。这叫作易得性偏差（availability bias）。如果你收听的广播电台都持同一立场，就不难推测你对其他观点会有什么反应。仅仅是意识到这一点，就足以让我们的思维方式发起挑战。不过，这种认知偏差通常跟第一章提到的“确定性偏差”和“思维框架”紧密相连。想要扭转这种认知偏差，不但需要付出努力，还需要虚怀若谷。

4. 理解思维框架

前面提到过，当关注的内容超出思维框架，大脑就会发出警报。可能在你小时候，父母亲戚都说你是家里“头脑灵活的那个”，你哥哥是“擅长运动的那个”。你没有意识到，多年来这种“标签”塑造了你的自我认知。要是没有发生能撼动这种自我认知的事，也许你会一直觉得自己在运动方面比不上哥哥。所以，你很少参加体育运动，把时间都花在学习上，成为了名副其实的绩优生。换句话说，你接受了家人给你扣上的“不擅长运动”的帽子。从别的角度审视自己，反而会让你觉得不舒服。事实上，你甚至会焦虑不安，感觉很不自在。要打破如此根深蒂固的思维框架是很难的——关键的一步是意识到框架的存在。我们每天都会受到不可靠框架的影响，像是展示数据、安排论据的方式。培养打破框架的技巧，既能让我们看到其他阐释方法，也能让我们不再受到蒙骗。

5. 请别人帮你信守诺言

请别误会，这里说的不是让别人帮你履行诺言，而是你向亲朋好友公开做出承诺，请他们督促你实现目标。如果他们的看法对你很重要，你就会充满动力。我提出这个建议的依据是，人类是互相依赖的，而不是完全独立的个体。对大多数人来说，请自己在乎的人监督自己信守诺言，有助于获得更好的效果。

6. 短期回报与长远利益

正如前面讨论过的，大脑喜欢关注眼前的利益。既然如此，不妨想一想完成哪些短期目标有助于实现长远目标。例如，如果你打算在半年内减掉 30 斤（到时候正好能穿上泳装），设置什么样的短期目标才能实现这个愿望？也许你可以把目标设成“每个星期减 2 斤，就好好犒劳自己一番”。这也适用于实现其他目标，比如戒烟或提高工作效率。通过把整体目标分解成一小块一小块，我们可以一步一个脚印慢慢实现目标，免得被大目标吓趴下。

7. 制定可量化的具体目标

接着说“目标”这个话题。既然大脑喜欢价值和奖励，制定的目标最好明确具体。显然，减轻体重就是个清晰可见、能够量化的目标。戒烟的好处也许不能马上看出来，但如果你记录下整个戒烟过程，把戒烟前和戒烟几个月后的感觉做个对比，目标就显得具体多了。这个小窍门叫作“反馈分析”（feedback analysis）。记录自己的表现（比如身体或精神方面的变化，或是节省了多少钱），几个星期或几个月后回过头来看看记录，目标的价值就会清晰展现出来。这个窍门用途很广，只要你能忠实记录前后变化，同时尽可能摒弃偏见就行。

8. 狩猎过程比捕获猎物更诱人

大脑有个令人沮丧的坏习惯：渴望得到奖励，可一旦获得，就会感到失落。这会让我们陷入“渴望—获得—后悔”的怪圈。关键在于，要意识到自己陷进去了。假如你在网上竞拍某件东西，发现价格已远远超出物品的实际价值或你的心理价位，你仍在不停抬价，那就要努力让自己意识到这么做有害无益。这说起来容易做起来难，因为你得转身离开，放弃令人垂涎的标的。如果你做不到，光靠理性思考是没法解决问题的。我们都是为自己辩护的大师，无论自己或别人给出的理由多么理性客观，用不了几分钟就会被我们统统否决。在这种情况下，付诸行动才是最有必要的——马上停下，转身离开。如果形势急迫，不妨撒腿就跑。

9. 全面思考未来，避免“自利偏差”

前面提到过，大脑不擅长想象未来场景，因此很难做出有长远影响的决定。我们也讨论过，记忆既能“回顾”，也能“前瞻”。我们会重构过去的经历，以此模拟未来，而这种重构往往并不准确。那么，我们该怎么办呢？构想未来的时候，最好尽可能考虑好坏两方面。与此同时，警惕心理学家所说的“自利偏差”（self-serving bias）。它会导致我们相信，成功完全源于自己的努力，失败全是外界因素导致的。例如，复习备考的学生会认为，如果能考出高分，完全是自身聪明才智和努力学习的结果；如果成绩不理想，则是因为考卷设计不合理或老师打分不公平。我们都不愿意预想失败是自己的错，但这么做能避免单向思维。虽然在规划未来的时候，我们都希望自己能取得成功，但也应该意识到，失败也是有可能出现的。

10. 特殊性策略

商界随处可见“战略思维”的说法。这个说法相当常见，但只有在特殊情境下才有意义。“战略思维”在市场营销和金融背景下的含义并不相同。在普通情境下，它的意思含糊不清。但在特殊情境下，它则是无法替代的。同样的说法也适用于“练习”。毫无疑问，通过练习变得“更快”是有好处的，但不一定在所有情况下都有好处。在田径比赛和橄榄球比赛中，“更快”的意义就不一样。在橄榄球比赛中，“更快”意味着在跑动中进行高效的抢断，或者避免被别人抢断。对田径选手来说，这些技巧则毫无意义。练习的目的就是从一般性技巧中汲取精华，结合特殊条件下的特殊运用。不这样的话，你做的准备就远远不够。请记住，如果练习过于针对性，大脑面对新情况时就会疲惫不堪，导致无法学以致用。

11. 有始有终

这个建议利用了大脑对我们有利的一个倾向。在大脑看来，不完整就意味着不稳定。“开口的圆”实验就展示了这一点。在纸上画一个圆，但留下一个小缺口，使圆无法完全闭合。然后，盯着它看几分钟，瞧瞧会发生什么事——大脑会很想把圆补全。对有些人来说，这种渴望实在是太强烈了，最后他们会忍不住提笔补全。同样的道理可以用于战胜拖延症。诀窍很简单：不管你眼前的任务是什么，现在就迈出第一步——随便从哪里开始都行。心理学家称之为“蔡加尼克效应”（Zeigarnik effect），因为首次记录这个效应的是俄国心理学家蔡加尼克。他发现，当某人面对令人畏惧的任务，拖拖拉拉不愿去做的时候，随便从哪里迈出第一步，都能带来完成目标的动力。开始做任务（哪怕是从最简单的地方做起）就相当于开始画圆。随着你一点一滴付出努力，那个圆会越来越完整。不过，“蔡加尼克效应”生效的前提是：你对完成目标确实感兴趣。

12. 不要自我告知，要扪心自问

自我激励其实并不容易做到，但有些小窍门能让它变得轻松又有效。心理学研究显示，询问自己能否实现某个目标，要比告诉自己一定能做到更有效。你还记得前面提到的《小火车头做到了》和《巴布工程师》吗？小火车头说：“我觉得我能行。”巴布工程师说：“我们行不行？我们一定行！”

结果证明，从自我激励的角度来看，巴布工程师的做法更有用。

13. 养成有益健康的习惯

心理学研究告诉我们，养成一个习惯平均需要 66 天。但想养成一个有益健康的习惯，至少需要 80 天。习惯越复杂，要花的时间就越多。例如，对大多数人来说，养成坚持锻炼的习惯要比改变饮食习惯（这本来就要花很长时间）多花 1.5 倍的时间。你可以偶尔跳过一两天，但荒废的日子越多，习惯就越难养成。记住，养成好习惯跟抛弃坏习惯一样重要——它们都值得你付出努力。

14. 你希望别人怎么看待自己，会影响你的第一印象

我们在第九章讨论过，大脑会把第一印象当作价值定位。此外，我们喜欢拿给自己的标准衡量别人给我们留下的第一印象。也就是说，如果我们想给别人留下活泼外向的印象，就会用“活泼外向”作为标准衡量别人。如果对方没能达标，也许是因为你给自己定的标准太高了。但如果我们跟陌生人初次见面时没想给对方留下特定印象呢？研究显示，我们仍然会做价值衡量，推测对方是否值得信任。从看到对方的第一眼起，我们的大脑就在高速运转，衡量眼前的人值不值得信任了。

15. 你的记忆其实并不可靠

记忆不是记录，而是重构。我们很容易受外部信息影响，用真

实记忆的碎片虚构场景。大脑会把碎片拼凑起来，构成我们误认为的“完美回忆”。大多数人都意识不到，自己对某个事件的记忆中缺少的细节，其实是大脑借助别的信息来源补起来的。这对目击者证词有重大意义。另外，你跟伴侣吵架，声称自己记得清清楚楚的时候，也应该想想这一点。最好现在就接受事实吧：“完美的记忆”跟其他“完美”的事物一样，根本就不存在。

16. 拒绝习惯化

人生的残酷之处在于，只要时间足够多，任何事物都能让我们感到厌倦。无论是新车还是新宠，新菜还是新歌，最初的欢愉总会消逝，变得平凡无奇。这并不意味着我们不喜欢它们了，只是一旦习惯了它们带来的刺激，它们就显得不那么诱人了。就连性爱也不例外。我们需要克服的是“多样化失忆”（variety amnesia），也就是容易忘记自己身边有各种各样的好东西，像是朋友、美食、音乐、电影、家具等等，却把注意力放在已经不能让自己激动的东西上。

想要跳出这个陷阱，我们就得逼自己回想过去的种种体验。假如你曾经很喜欢一支乐队，他们的歌怎么听都听不够，现在却感到厌倦了。研究显示，你只需要回想一下自己听过的其他乐队的其他歌曲，很快就能重新爱上原本最喜欢的乐队。心理学家把这种小把戏称为“模拟多样化”，也就是通过模拟体验多样化来削弱餍足感。餍足感是指，随着时间的流逝，最初的刺激会渐渐淡化。

17. 想象刚吃完大餐，能抵挡美食诱惑

如果你想象自己正盯着一桌大餐，就会渴望大快朵颐。但研究显示，如果你想象自己正在大快朵颐，享用美食的欲望就会减少。这是因为对我们的大脑来说，想象做某件事跟实际做某件事并没有太大差别。我们可以欺骗自己，让大脑以为刚刚享用过大餐，这样它就不会对美食垂涎三尺了。

18. 感同身受不可盲目

还记得第十一章提到的打呵欠的黑猩猩吗？那项研究显示，我们更容易对熟人感同身受，就连打呵欠这样的小事也能体现“熟悉度偏差”。而除了打呵欠，大笑和哭泣等行为也会传染。对别人感同身受是一种很重要的能力。但你也许已经发现了，对认识的人感同身受要比对陌生人容易得多。这是因为我们的大脑进化到了一定的程度，只喜欢跟相对较小的群体打交道。有些专家指出，这个小群体的人数一般在 150 左右。对群体之外的人，我们会划清界限，不那么容易投入感情。不幸是，对于国内其他地区或国外需要帮助的人，这种倾向会让我们显得冷酷无情。

19. 练习元认知

元认知（Metacognition）是指“对思考本身进行的思考”，

这是人类与其他生物大脑的重要区别。我们能居高临下地审视自己的正常思维过程，在思考的同时分析自己为什么会这么思考。这是进化带来的奇迹。我们之所以能拥有这种能力，要归功于大脑最晚形成的区域——前额皮质。前额皮质使人类有了抽象思维，能够进行自我反思。我们能站在客观的角度思考自身。针对灵长类动物的研究显示，就连跟我们最像的黑猩猩也缺乏这种能力（尽管它们拥有一定的自我反思能力，比如能认出镜子里的是自己，而不是其他黑猩猩）。这种能力可谓一把双刃剑，因为我们在进行自我反思的同时，很容易陷入对生存意义的虚无思考。请注意，元认知是理解本书讨论的所有话题的关键。

20. 别总相信“常识”

“常识”通常是指你觉得显而易见的事，至少在有脑子的人看来是显而易见的。问题在于，许多看上去显而易见的事并没有那么简单（这就是所谓的“冰山一角效应”）。当某人说“这不过是常识”的时候，他要么是一知半解说不清，要么是希望你别再追问下去了。换句话说，这只是岔开话题的小伎俩。毕竟，谁好意思对“常识”刨根问底呢？

你问我有什么建议？我建议你做那个打破沙锅问到底的人。

21. 情绪也会传染

在第十一章关于社会心理传染病的讨论中，我们审视了一些经过深入研究的传染病，比如焦虑、指责和快乐。显然，社会心理传染病有好也有坏（我认识的大多数人都不介意染上快乐传染病）。值得牢记的是，意识到它的影响（尤其是恐惧、焦虑、指责、愤怒会传染）就能避免负面后果。在一群人中传播负面情绪实在是太容易了，如果任其自然发展，很可能酿成灾难。想一想节日期间商场经常发生的踩踏事件吧，结果往往有人被践踏致死。体育场和音乐会看台上也经常发生类似的事。这些都是社会心理传染病酿成恶果的实例，我们应该想尽一切办法，阻止它们蔓延开来。

22. 自我感觉正确，不代表真的正确

我们在第一章里提到过追求确定性。大脑将“不确定性”视为威胁，希望我们重归“正轨”。但我们经常忽略一点——我们真正想要的其实是“感觉自己是对的”。因为它能解除警报，让我们放松下来。“自我感觉正确”和“真是正确的”很容易被混为一谈，所有人都会掉进这个陷阱。然而，事实真相跟你是否确信其实毫无关系。不过，我们通常很难意识到这一点。

23. 当心“直觉性无视”

在信息不完整的情况下处理问题时，依靠直觉（无论是大脑先天就有，还是后天习得的）是一种简单有效的做法。大脑喜欢依赖直觉，因为这么做能消灭不确定感。直觉可以是很好的工具，但也可能让人误入歧途。例如，当我们站在十字路口，不知该走哪条路的时候，最好依靠简单的直觉法则“两点之间线段最短”。但当朋友轻率行事，我们不知是该冒着伤及友谊的风险上前劝阻，还是为了保住友谊支持他度过艰难时光，这个时候就没法靠直觉法则做判断了。在这种情况下，怎么选都有利有弊，必须精心权衡。即使这样，也很难做出正确的抉择。我们需要弄清，什么时候该靠直觉，什么时候不该靠直觉，有时候追随直觉反而会把事情搞砸。如果我们无法靠直觉做决定，就可能犯下“直觉性无视”的错误，陷入进退两难的尴尬境地。

24. 人都喜欢寻找联系

人的大脑喜欢把周遭环境中的各种信息联系起来，从中寻找规律。大脑的这种天性对人类生存至关重要，通常来说对我们也有好处，但有时可能导致无中生有。我们会把偶然发生的事件联系起来，觉得巧合背后有隐含意义。这种做法很难阻止，但只要意识到这种强迫倾向，我们就能在受其影响时三省自身。可不要小看这个。人们为建立在巧合之上的信仰体系花费了大量时间和金钱。关键在于，要重视大脑寻找规律的倾向，警惕它在实际生活中的运用。

25. 渴望“替罪羊”

正如第二章提到的，寻找“替罪羊”是指，不管遇上好事还是坏事，我们都渴望找出负责任的来。如果发生了糟糕的事，又没有显而易见的原因，大脑就会编造出一个。类似“事出有因”的说法暗示有人要为此负责，因为“原因”肯定是某个人或某件东西。更直接的说法是“这是上帝的意愿”——至于上帝为什么要这么做，就不太好解释了。我们最难接受的是，有许多事怎么也找不出原因。光是想到这个，就足以让大脑提高警惕，因为这推开了“不确定性”的大门。

26. 做事本身就是目标

我们通常认为目标应该明确具体，但研究表明，“保持忙碌”这样的宽泛目标也能起到激励作用。简而言之，随便做点什么，也比什么都不做要好。不管你做的事在别人看来多么琐碎无聊，做事总比不做好。这个发现印证了圣雄甘地的名言：“做什么其实不重要，重要的是去做了。”

27. 我们不擅长预测情绪

当我们设想自己处于未来的紧张情境中时，很容易受到“程度偏差”的影响，导致低估自己的情绪反应。这就是为什么我们容易说出“如果换成是我，肯定会……”。但除非我们亲身经历过相同或相似的情况，否则不可能知道自己会有什么反应。

28. 及时反馈能够带来动力

“担心会失望”能带来强大的动力。加上我们不擅长从长远角度考虑问题，反馈时机就成了影响动力的重要因素。如果要过很长时间才能得到反馈，我们就会觉得两者没什么关系，大脑也就不会予以重视。但如果马上就能得到反馈，我们就会关注即将到来的事，投入更多的精力，拿出更好的表现。

29、同理心会让我们难以识别谎言

保罗·艾克曼博士致力于研究人们撒谎时的语言和肢体线索，以及我们到底有多擅长识别谎言。他得出的结论是，大多数人识别谎言的几率只有五成，也就是说相当于蒙上眼睛瞎猜。就算我们尽了最大努力，几率也不会提升。我们不擅长发现骗子，这一点非常值得警惕。同样值得警惕的是，同理心会让我们更难识别谎言。研究表明，作为同理心效应的一部分，模仿别人的行为会让你更容易

上当受骗。这并不意味着我们不应该同情别人，而是说我们应该多加小心，不要太快轻信陌生人。

30. 用好核对清单

正如前面讨论的，记忆比我们想象中更不可靠，所以利用记忆提示会有帮助。核对清单就是一种简单有效的工具，能够帮助你填补记忆空白，免得毁掉你的一天甚至一生。大概有许多书都把核对清单列为时间管理工具，但在你现在读的这本书里，我只想强调一点：不管你用什么方法，基本原则都一样——避免让自己成为记忆缺陷的牺牲品。所以，现在就开列核对清单，充分利用起来吧。

31. 反事实思维既有风险，也有价值

每个人在反思过去的决定时，都会感慨："要是当初选了另一条路，我现在会活得更好。"我们之所以会这么感叹，是因为想象当初的决定能够改变。例如，你也许会想："假如我五年前接受了纽约的那份工作，现在的人际关系和事业发展肯定会好得多。"这个说法也许很准确，但更可能是部分准确、部分虚构。毕竟，你没有考虑当时自己想过的诸多因素。况且，你当时也许花了好多天，认真分析了所有因素，最后才做出了选择。事实上，你当时是经过深思熟虑才决定不去纽约的，这个决定是不可扭转的。进行反事实思维有一定道理，它能让我们从错误中汲取教训，以便将来做出更

好的抉择。这是根植于大脑的生存技巧，我们应该为自己具备这种能力感到庆幸。但如果不能适当发挥它的作用，而是沉溺于反事实的今昔对比中，结果绝对好不了（轻则沮丧，重则抑郁）。我们应该学会掌握分寸，弄清什么时候应该打住，不要沉湎其中。

32. 重复乃说服之母

每逢美国大选之年，我都害怕被政治候选人的广告轰炸。我努力避开那些广告，一心盼着大选早点结束。但有一件事我很关注，那就是重复次数最多的信息会不会影响大选结果。事实证明，确实如此。某个候选人对其他候选人的评价是否符合事实，这真的重要吗？有时候也许吧，但通常来说并不是。关键在于，只要信息重复次数够多，就足以改变公众的立场。有趣的是，公众甚至不需要刻意去关注——事实上，我们越是不刻意去看，就越容易被说服。反过来，我们越是刻意关注，越会产生怀疑。说白了，大家应该刻意关注才对。

33. 比喻具有神奇作用

经验丰富的演讲撰稿人都知道，想让听众迅速理解并记住一则信息，最好的方法是用比喻。比喻能把复杂的概念变得平易近人，让抽象的观点看起来与生活息息相关。只需要简单的几个字，就能改变我们对晦涩议题的看法。研究表明，一旦在讨论中用到比喻（例如第十章提到的例子，把犯罪比作“野兽”或“病毒”），接下来的讨论都会受这个比喻影响。关注自己读到的文章、听到的报道是怎么运用比喻的，才能更好地分析它们背后的真实内容。

34. 大脑不仅在头颅内

“具身认知理论”认为，我们的身体是认知活动的积极参与者。这种理论正被越来越多的人接受。研究持续表明，感知会受物体重量、大小、质地、味道、温度和其他物理属性的影响。例如，你感觉某个东西很“沉重”，就会觉得它很“重要”。这就意味着，周遭事物随时都会影响我们的思维，我们却意识不到。至于为什么会这样，暂时还没有明确的答案。我们只知道，思维是由神经系统产生的，永远不可能与外界彻底割裂。恰恰相反，它一直与周遭环境互动，这种互动造就了我们的认知。

35. 不知为不知

这话听起来似乎显而易见，但实际情况却复杂得多。我们往往以为换新工作很轻松，自己能表现得跟别人一样好。也许别人已经在该行业磨炼好些年了，但我们还是会想：“既然我现在能直接入手，何必浪费时间磨炼呢？”之所以会有这样的想法，是因为很多事我们都不了解。练习和体验不仅仅是做准备，它们还会让你意识到，你以为自己能胜任的工作，其实有许多外行不了解的内幕。“机会只留给做好准备的人”，说的就是这个道理。

36. “认知流畅性”有助于学习，也有助于宣传

当信息以易于接受、易于理解的方式呈现在我们面前时，就算内容很复杂，大脑处理起来也不会太困难。换句话说，信息的“认知流畅性”越高，就越容易在脑海里扎根。无论你处于人生的哪个阶段，“认知流畅性”对学习新事物都至关重要。同时，它也是一种宣传利器。从商业广告到政治宣传，它都能起到重要作用。诀窍在于，把想要传播的信息与脑中既有的知识架构（也叫“图式”，具体参见本书第一章）联系起来。

37. 道德自我调节

人生需要平衡，道德感也是如此。研究表明，当我们觉得自己某个领域有道德缺陷时，就会通过做善事加以平衡。也许你知道应该回收利用废品，但总懒得把废瓶子、废纸和塑料制品分类回收。有一天，你经过一家五金店，看到了一架子节能灯泡，马上决定买下20只，把家里所有的灯统统换掉。在你看来，自己的道德缺陷（没有回收利用废品）能通过道德行为（改用节能灯泡）加以平衡。问题在于，这种逻辑反过来也适用：如果我们认为自己做得已经够多了，就会觉得不用再做善事了——因为道德感已经达到了平衡。

38. 对大脑来说，信什么都一样

本书多次提到，大脑进化是为了理解周遭环境，提升我们生存下去的几率。大脑进化得来的功能有许多只适用于特定情境。但研究表明，大脑无法区分许多显然不同的事物。大脑的奖励系统无法区分“好”与“坏”的奖励——无论我们的道德立场是什么，只要能得到奖励，它的反应都一样。它对信念的判断也是如此。无论你是相信运算法则还是信仰上帝，大脑做出的判断都一样。当然，每个人的日常体验各不相同——但关键在于我们赋予信念的意义，而不是那个信念本身。

39. 接受概率

当我们说某人“走运”或“倒霉”的时候，归根结底说的其实是概率。我们习惯把概率的结果解释成“上天注定要发生的”。但事实上，买彩票中大奖也好，遭受飓风袭击也罢，不管经历本身是好是坏，用概率解释起来都一样。人类大脑追求的是确定性，所以很难接受这一点。意识到一切都是概率作祟，不一定能让我们坦然接受。但撕下神秘外衣，接受事实本身，却能让我们获得满足。

40. 避免合取谬误

莉亚掌管一家高级餐厅的厨房，平时非常关注女性议题。以下关于莉亚的表述哪个更准确：1、莉亚是主厨，2、莉亚是主厨兼女权主义者。如果你选了后者，请扪心自问为什么会这么选。大概是因为非常关注女性话题的人很可能是女权主义者吧。但我们唯一能确定的是，莉亚掌管一家高档餐厅的厨房，也就是说她是主厨。虽然她有可能是女权主义者，但我们无法确定。因此，第一个表述更准确。第二个表述包含了第一个表述（两个表述中都有“莉亚是主厨”）。当我们认为合起来的表述比原本的表述更准确时，就犯了逻辑学家所说的“合取谬误”。从逻辑上说，就算合起来的表述加入了我们觉得可能正确的内容，也不会比原本的表述更准确。

41. 谨慎看待表面价值

大脑容易受表面价值迷惑，忽视实际价值。诺贝尔奖得主、心理学家丹尼尔·卡尼曼将这种关注表面价值的做法称为“货币幻觉”（money illusion）。例如，你的工资上涨了 2%，但通货膨胀率是 4%，你实际上亏了 2%。但我们大多数人不会这么看。我们只关注收入增加了 2%，却没有注意到物价上涨的速度更快。既然工资上涨的幅度很难改变，甚至不可能改变，那么在评估价值的时候，最好拿表面价值和实际价值对照一下。尤其是别人试图让你只关注表面价值的时候，你更应该加倍谨慎。

42. 不要轻信 THOMAS

人类催产素调节系统（简称 THOMAS）是一种强大的大脑回路，会在受到信任时释放出影响神经系统的催生素，让我们产生回报对方信任的渴望——即使是对陌生人也不例外。健康的 THOMAS 是有益的，因为如果没有它，我们就难以信任他人。但 THOMAS 也存在缺陷，因为它让我们很容易落入骗子设下的陷阱。研究显示，有 2% 的人无论在什么情况下都不会回报他人的信任。受到别人信任时，他们不会采取行动回报对方（例如，你出于信任借钱给某人，对方却赖着不还）。这就意味着，你在生活中会遇到为了占你便宜而假装信任你的人。虽然 THOMAS 并不会总出问题，但还是小心为上。

43. 你也许会失去冷静，但一定不能失去全局观

规避失败，或者说规避对失败的恐惧，这是人类的天性。失败对大脑来说是种威胁，我们自然会采取措施加以避免。然而，我们不可能永远躲着它。应对失败的方法之一，就是像证券交易员一样看问题。他们将失败视为游戏的一部分，而非游戏的终结。他们会将其视为“投资组合”：局部的胜负无关紧要，整体结果才是最重要的。如果你也用同样的态度面对失败，就不会太在乎一两件事的得失了，因为你知道它只是全局的一部分。

44. 当心被后悔操纵

第八章中讨论了后悔有时会影响我们做决定。如果某人希望你做 A，你自己更想做 B，那么他要做的就是让你相信，如果你做了 B 而不是 A，事后肯定会后悔。这里描述的是所谓的“预先后悔”（preregret），因为你还没有做会让自己后悔的事。别人只是描绘出了你后悔的场景，表示你只要做“正确”的决定，就能避免这种糟糕的状况。有时候，别人让你意识到事后可能会后悔，这其实是件好事。如果你的朋友打算酒后驾车，你告诉她这么做可能带来的后果，以及她为什么该把钥匙交给你（如果她不愿给，请直接抢过来），这是对她本人负责，也是对其他路人负责。但家电卖场的销售员向你推销产品保险，告诉你不这么做肯定会后悔的时候，她只是在暗中操纵你。

45. 记住黑猩猩和儿童是怎么抑制冲动的

有些时候，冲动一下没什么大不了。但有些时候，冲动可能会惹出大麻烦。正如本书第七章里提到的，黑猩猩和人类儿童会用类似的技巧抑制冲动，以便事后得到更丰厚的奖励。他们靠玩玩具让自己分心，延迟获得满足感，这样就能比马上去抓糖得到更多的回报。这种解决问题的策略听起来似乎挺简单，但其实并不是那么简单。这也是成年人每天都要做的心理斗争。但想想连黑猩猩都能做到，你应该会更有动力吧。

46. 词语引导认知

来做个实验：找一支黑色马克笔和两个纸袋，在一个纸袋上写下“玫瑰”，另一个纸袋上写下“辣椒”。接着，把玫瑰花瓣放进两个袋子里，系紧袋口。找几个人来闻闻这两个袋子（确保他们能看见袋上的标签，但看不见袋里装的东西），然后问他们分别闻到了什么味道。这个小实验想弄清的是，物品名称是否会影响人的嗅觉。在实验中，尽管两个袋子里装的东西一模一样，但大多数人都误以为写着“辣椒”的袋子里装的真的是辣椒。

47. 模仿是人类的天性

本书第十四章讨论过，我们每个人都是天生的模仿者。大脑会观察并重复我们观察到的行为。跟大脑的其他习惯一样，它同样有好处也有坏处。好的一面是，模仿在学习过程中扮演着重要角色；不好的一面是，过度模仿会给自己和他人造成伤害。有两点需要牢牢记住：第一，注意你模仿的对象。大脑很难区分行为的好坏，只会一视同仁地学习。第二，注意你是怎么给别人当榜样的。如果你是未成年人的家长或监护人，这一点尤其重要。因为儿童的模仿能力很强，就算你以为他们没留意，你的行为也会在不经意间成为他们的榜样，而结果可能让你后悔不迭。

48. 孤独与冲突存在联系

第五章中提到过，神经科学研究发现，孤独感与“对人际冲突感兴趣”有一定联系。从定义上看，孤独只是一种社交孤立感，与周围有多少人没关系。所谓“悲惨的时候巴不得找人作伴”，正是因为社交孤立的人容易被冲突吸引。如果你跟别人在同一个办公室里共事过，看到这里肯定会频频点头。

49. 逃避不是魔法

某些逃避方式确实容易让人沉湎其中。但与此同时，并不是所有玩电脑游戏、玩角色扮演游戏、参加其他娱乐活动的人都会掉进上瘾的陷阱。逃避现实的消遣会让人着迷，就像无脑的电视节目会把人变傻。这一点必须特别注意，因为有些人比别人更容易上瘾。例如，当他们沉迷于沉浸式角色扮演游戏时，可能一天玩十来个小时都不动窝。对有些人来说，有趣的消遣与成瘾行为的界线极其模糊。我们搞不清有多少人天生就容易上瘾，所以在这个节奏越来越快的时代，被电子媒介团团包围的时候，我们应该多思考可能出现的后果，而不是马上敲响警钟。

50. 切换任务能提高工作效率

如果你必须同时完成多项任务，不妨试着调整一下策略，不要同时做两件需要精力高度集中的事。例如，边开车边用智能手机发邮件就不是个好主意。这两件事都需要聚精会神，而我们不可能投入同等的注意力。如果你在跟别人打电话（不开车的时候），也许可以顺便翻翻杂志，因为这两件事都不用花太多心思。但如果你打算认真看文章或读书，情况就不一样了。最好避免同时做几件事，不妨试一试“切换任务”，也就是先专心完成一项任务，再把注意力转移到其他事情上，过一阵子再切换回来，或者去做别的事——这就像火车转换道岔一样。当然，这也不算特别高效的做法，但现代社会节奏太快，我们在做事过程中很少能不被打断。在可支配时间有限的情况下，切换任务可以说是提高工作效率的最佳方式。

第十六章

制造意义

“我们有责任为人生赋予意义，以此战胜被动冷漠的生活。”

——埃利·威塞尔，美籍犹太人作家、政治活动家

“如果你一直在寻找快乐包含哪些元素，就永远不会快乐。如果你一直在寻找生活的意义，就永远无法享受生活。”

——阿尔贝·加缪，法国小说家、剧作家

最后，我想再委婉地提三点。

追求完美

英国作家乔纳森·斯威夫特的经典名著《格列佛游记》中有个鲜为人知的章节，主人公格列佛遇到了一个长得像马的种族。慧马（Houyhnhnm，意为“完美的造物”）是理性优雅、充满智慧的生物。在格列佛看来，慧马是完美的化身，其统治下的人形生物野胡（Yahoo）则是情绪化、卑劣、愚蠢的代表。回归人类社会后，格列佛不禁将身边的人视为社会地位略高的野胡。这种对比让他极为绝望，余生大部分时间都呆在马厩里对马说话。

如果完美是能够达到的，少数人类最终能达到完美，那么大多数人都会像格列佛一样自惭形秽，为自己的缺陷深感绝望。我们的缺点和劣势将成为“不完美”的扎眼标志。我们身边的大多数人，也就是其他不完美的人，看起来同样有着明显的缺点。最终，我们会说服自己，既然有人能达到完美，那就说明大多数人只要付出足够多的时间和精力，总有一天也能达到完美状态。毕竟，“完美”与“不完美”的差距是可以识别并加以弥补的。很快就会有人出书，告诉大家怎么识别缺陷，通过改正变得完美，还会提供整套即学即用的方法。如果你严格照做，就能脱离不完美状态，加入完美的少数阶层。

我觉得，喜好讽刺的斯威夫特在描写格列佛对人类缺陷的绝望时，脑海里一定闪过类似的场景。当然，现实生活中“人无完人”，但这无法阻止我们拿自己跟想象中的“完人”做比较。媒体和娱乐业一直致力于强化这种比较，向普通人兜售各种产品，似乎用了这些产品就能迈向完美。帮助人们实现“完美自我”的书籍层出不穷。你只要随便进一家书店走走，或是到网上书城逛逛，就会发现类似的书数不胜数。不幸的是，我们的大脑很容易受这类信息感染。

这真是令人沮丧！不过，大脑容易受感染，并不意味着我们就一定会上当。人类的大脑虽然算不上完美，但仍然是地球上最高级的自然造物，而自然进化绝不可能产生“完美”。我们最好接受自己的先天和后天缺陷，不断提升意识，这样才能活得更加充实。

追问意义

用谷歌搜索“生活的意义”，会得到610万个结果（至少在我写这本书的时候是这么多）。显然，这是所有人都关心的话题。如果你粗略浏览一下相关页面，就会发现大多数都会提到“寻找”生活的意义。许多页面都有股“心灵鸡汤”的味道，提供寻找生活意义的指南和公式。还有一部分网页（数量虽少，却给人留下了深刻印象）则忧郁地直面存在的虚无。

人类一直都认为意义是需要“寻找”的。我们是地球上唯一会自我反思、问“为什么”的生物。如果我们无法从自身找到存在的意义，就会向外探索。与地球的历代主宰相比，人类的历史无疑很短暂。但在短暂的人类历史中，我们用来向外探索的时间占了大部分。有讽刺意味的是，善于应对挑战的大脑在进化中学会了理解周遭环境，却没有学会理解自身。

我很赞同本章开头威塞尔和加缪的引言——真正的问题在于追问本身。追问到哪里才能找到存在的意义，让我们无暇顾及日常面临的挑战——理解生活的意义。只有会对自身存在产生疑问的动物，才会面临这样的挑战。只有我们才能回答关于周遭世界的问题，这些问题远远超出了本能反应和后天学习的范畴。为自己的经历赋予意义，让自己活得更有意义，这也许是人类最与众不同的特征。换句话说，这种为生活赋予意义的能力，这种在自然界中无可匹敌的能力，引导着我们的一举一动。

用好大脑，赋予人生意义

与大脑的顽固倾向做斗争，有时候会让人陷入沮丧、筋疲力尽，甚至勃然大怒。我们往往在事后才会发现，自己的想法和做法并不符合自身利益。但在事发当时，我们却很难意识到什么才对自己有好处。我们深受众多可见或不可见的因素影响，绝望时会觉得大脑与这些因素沆瀣一气，跟自己作对。毕竟，生活充满混乱，大多数时候我们的头脑并不清醒。

不过，最终决定权仍然掌握在我们手里。我们是意义的创造者，而只有地球上最高级的大脑才具备这种能力。大脑帮我们走到了今天这一步，还将推动我们不断向前走。我衷心希望，本书能让你更了解这个不可思议的器官，让你的生活变得更有意义。

特别章节

在撰写本书的过程中，我查阅了大量研究资料，有些放在正文哪个章节都不合适。但我很喜欢其中一些研究，决定为它们单列一章。

公益广告的负面影响

1971年，博雅公关为非营利组织“美丽美国”（Keep America Beautiful）制作了以“铁眼科迪”酋长为主角的公益广告。那是有史以来最经典的公益广告。当镜头缓缓掠过垃圾遍地的场景时，“铁眼科迪”落下了著名的眼泪，那是对人类残酷破坏大自然的伤心之泪——事实上，就在他边看边流泪的时候，还有人在随手乱扔垃圾。广告的另一个版本中，“铁眼科迪”在一条遍布垃圾的河上划独木舟，看着对岸的工厂排出滚滚废水。人们仍在丢弃垃圾，酋长仍在伤心哭泣。

这就是著名的《哭泣的印第安人》广告。据报道，这支广告和相关的废弃物治理宣传活动在美国各地掀起了环保浪潮。宣传创始人称，在长达22年的宣传活动结束时（也就是推出《哭泣的印第安人》公益广告12年后），当地志愿者团队已经将38个州的废弃物排放量降低了88%。

这些都很值得讨论（事实上，“铁眼科迪”酋长不是印第安人，而是意大利裔美国人，他流的眼泪也是假的，但我们不会讨论这些），但更有意思的是《哭泣的印第安人》引发的研究。我是在读《泰晤士报》网络版上一篇题为《超市购物车让我们举止不当》的文章时想到这个的。文章总结了最新的研究成果，指出混乱环境会引发无序行为。

这项研究延续了心理学家罗伯特·西奥迪尼在《影响力：说服的艺术》一书中提出的“西奥迪尼效应”。简单来说，就是你看见别人做错事没受罚，自己也会跟着去做。根据西奥迪尼提出的影响力理论，如果你看见停车场堆满了购物手推车，会更可能把手推车也丢在那里。

这会让我联想到《哭泣的印第安人》，是因为这则著名广告背后有个鲜为人知的故事。它在被视为环保运动旗帜的同时，其实可能反而在鼓励大家乱扔垃圾。这听起来似乎有悖直觉，但让“铁眼科迪”酋长流泪的遍地垃圾，确实可能导致人们进一步污染环境。

在1990年《心理学前沿》刊登的一篇研究报告中，西奥迪尼考察了《哭泣的印第安人》广告是否会导致与预期相反的结果。西奥迪尼想知道，广告展示了垃圾遍地、人们仍在乱扔垃圾的场景，这会不会传达出这样的信息：反正环境已经污染了，别人还在乱丢扔圾，那我这么做也没关系。研究报告的原文是这样的：

> 我们提出了三个重要假设。第一个假设是，人们更愿意在已被污染的地方，而不是在干净的地方乱扔垃圾。第二个假设是，人们看见别人在已被污染的地方乱扔垃圾，自己也可能效仿，因为他们会注意到其中暗含的行为规范——人们通常会往这种地方扔垃圾。
>
> 第三个假设与前面的恰恰相反，人们看见别人在干净的地方丢垃圾，自己可能不会效仿，因为他们会注意到其中暗含的行为规范——人们通常不会往这种地方扔垃圾。最后这个假设有悖我们的直觉。我们通常认为，看见满地垃圾，人们应该减少乱扔垃圾的行为。

结果不出研究人员所料：1、跟干净的地方相比，人们在已被污染的地方扔的垃圾更多；2、人们看见别人在已被污染的地方扔垃圾，自己也会这么做；3、人们看见别人在干净的地方扔垃圾，自己会减少乱扔垃圾。

如果西奥迪尼是正确的（后续研究也证实了他的观点），我们就有理由相信，《哭泣的印第安人》广告无意中让人们更容易随地乱扔垃圾了。

问题在于，广告中隐含的两种行为规范，哪种更能影响人们的行为？一种是“指令性规范”（injunctive norm），即对某种做法是否被社会接受的感知。例如，随地乱扔垃圾是不对的，这让科迪酋长伤心落泪。另一种是“示范性规范”（descriptive norm），即对大多数人做法的感知。例如，人们在已经遍布垃圾的地方扔垃圾。研究显示，这两种规范都会影响人们的行为，但二者发生冲突时，人们更倾向于像西奥迪尼预测的那样，选择障碍最少的那条路。

那么，我们把广告改一改吧：“铁眼科迪”酋长划着独木舟来到河岸边，眺望原始的荒野——放眼望去毫无垃圾的痕迹。正当他露出笑容时，某个人驱车驶过，从车窗里甩出巨无霸汉堡的包装纸。原本干净的环境被恶心的垃圾污染了。镜头摇回酋长脸上——他流下了眼泪。

这么一来，“指令性规范”和“示范性规范”就不存在冲突了。这则广告传达的信息是：第一，随地乱扔垃圾是不对的；第二，有个不负责任的家伙污染了大自然，还害得一个长得像印第安人的意大利裔美国演员流下了眼泪。

想让骗子现出原形？试试画画吧！

一名嫌疑犯被带进警察局的审讯室，坐在一张空空如也的桌子前面。桌上没有测谎仪，桌边也没有一个唱红脸、一个唱白脸的审讯搭档。警官走进屋里，手里拿着纸笔，往嫌疑犯面前一放，后退一步，冷冷地说：“画吧。”

如果《应用认知心理学》杂志刊登的这项研究成果被广为接纳，那么实际审讯室里发生的事大概会是这样。这项研究首次考察了绘画是不是比语言更有效的测谎工具。

研究人员提出的假设是，撒谎者的涂鸦会展现出说实话的人没有的倾向。例如，他们推测，如果让撒谎者画出遇见某人（其实他根本没见过那个人）的具体地点，画中只会出现很少的细节。他们还推测，撒谎者画的画看起来像模像样，但不会出现他们声称见过的那个人。

研究人员提出的另一个假设是，说实话的人会用“肩部视角”画场景——此前的研究显示，采用这种直观视角，表明说的是真话。他们推测，撒谎者会用“鸟瞰视角”画场景，与环境拉开一定的距离。

研究人员给参与者安排了“任务”，让他们去指定地点和某人碰头，然后交换信息。共有四类不同的任务，任务细节都经过了精心设计，以便事后接受采访时，一半的参与者能够说实话，一半的参与者则必须撒谎（研究人员让他们假装在进行间谍活动）。

接受采访期间，参与者被问到了此前的经历，就像在普通的审讯室里一样，还需要画出当时的具体细节。口头陈述和绘画结果放在一起做对比，看看哪种方法测谎效果更好。

结果是，口头陈述和绘画结果展现的细节差别不大。不过，说实话的人画的画看起来更可信，说的话听起来则跟撒谎者的差不多。

更有趣的是，说实话的人有80%都画出了“特工”（也就是跟他们碰头的人），而只有13%的撒谎者画出了那个人。此外，说实话的人用“直观视角”作画的比例高达53%，远远高于撒谎者（19%），后者作画时更多采用“鸟瞰视角”。在口头陈述中，说实话的人有53%提到了“特工”，而只有19%的撒谎者提到了那个人。单单凭借“画出特工”的结果，就能识别 80% 的说实话的人和 87% 的撒谎者，这比大多数传统审讯技巧都有效。

之所以通过绘画更容易识别撒谎者，主要是因为他们没有足够的时间编造细节。说实话的人脑海里已经有当时的景象（虽然并不完美，但“完美”本来就不存在），撒谎者则必须编出细节。跟“先编再画”比起来，口头扯谎要容易得多。

欺骗与情绪的关系，比我们想象的更紧密

假设你跟其他几个人在同一间办公室里工作，每人都有一定的业绩要求。你的业绩比较突出，是公司里的优秀员工。你隔壁办公室有个人叫温德尔，你一直替他捏把汗，因为他老是完不成业绩，随时可能被炒鱿鱼。你觉得温德尔是个好人，只是运气不佳，如果有足够的机会，说不定就能走出困境。

有一天，你跟温德尔一起合作做项目，发现他把一份重要报告搞砸了——要是被别人看见，他肯定会被炒鱿鱼，但目前只有你看见了，而且你有机会为他掩饰。如果你选择掩盖真相，自己加班弥补他的过错，说不定还来得及。如果你不这么做，他就得卷铺盖走人。

你会怎么做?

我们通常认为欺骗等同于伤害别人，但有时欺骗也能帮助别人，比如温德尔。《心理科学》杂志刊登过一项研究，考察我们在什么情况下愿意通过欺骗去伤害或帮助别人。

研究人员设计了一个模拟场景，将参与者随机分配，扮演解题

者或评分者。每个解题者都会被随机分配到一个评分者，两人一组。参与者通过抽签变得“富有”或“贫穷”，每人都有50%的几率赢取20美金。于是，参与者一共分为四类：富有的评分者配富有的解题者、贫穷的评分者配贫穷的解题者、富有的评分者配贫穷的解题者、贫穷的评分者配富有的解题者。抽签过后，解题者要解一系列字谜，评分者负责打分。评分者可以通过在成绩上做手脚来帮助或中伤解题者。如果评分者故意打高分，解题者就会拿到不应得的钱。如果评分者故意打低分，解题者就拿不到应得的钱。

结果是，评分者富有而解题者贫穷时，70%的评分者会谎报成绩帮助解题者；评分者和解题者都富有的时候，90%的评分者会打出公正的分数。反过来，评分者和解题者都贫穷的时候，95%的评分者会谎报成绩帮助解题者；评分者贫穷而解题者富有时，约30%的评分者会谎报成绩中伤解题者。

研究人员推测，这个结果跟经济利益关系不大，关键在于地位不平等引起的情绪反应。当自己的处境比别人差时，人们通过欺骗行为伤害别人的倾向会增强，通过欺骗行为帮助别人的倾向会减弱。反过来，当自己的处境比别人好时，通过欺骗行为帮助别人的倾向会增强。

从研究结果来看，我们毕竟不是特别理性的生物。无论是伤害别人还是帮助别人，欺骗都是情绪反应引起的，而不是出于对自身利益的理性考量——至少在涉及钱数不多的情况下是这样。（要是牵扯到好几百美元，那又会怎么样呢？想想就挺有趣的。）

对了，别忘了温德尔——想一想，你会怎么做呢？

打电话的时候，你有多“盲目”？

我们每天都会看到新闻里谴责边开车边打电话的行为。大量研究表明，开车时打电话会分散司机的注意力，大大降低他们对路况的关注度。

我很高兴媒体掀起了关于此事的讨论。不过，探讨一下做其他事（不是开车）时打电话是不是也会影响注意力，这也许更有意义。如果我们能证明，在做不用太专注的事（比如走路）时打电话也能让人分心，就更能突出边开车边打电话有多危险了。

这正是《应用认知心理学》杂志刊登的一篇研究报告关注的话题。研究人员考察了人们在四种不同情况下的分心程度：1、边走路边打电话；2、边走路边听 MP3；3、走路时不用任何电子设备；4、两人同行。

用来衡量分心程度的是所谓的“非注意盲视”（inattentional blindness）——由于某个令人分心的影响因素，“看不见”眼前或周围的东西。如果你在 YouTube 网站上看过“我们中间的大猩猩”（本书第一章提到过）视频，那就是“非注意盲视”的绝佳案例。

研究中的第一个实验是，训练有素的观察人员埋伏在大学校园广场的周围，收集 317 名年满 18 岁的年轻人的数据，其中男女比例大致相等，四种情况（边走路边打电话、边走路边听 MP3 等）的比例也大致相同。他们认真记录了每个人的数据，包括穿过广场用的时间，穿过广场时是否停下脚步，走路时改变了几次方向，绕过几个人，崴过几次脚，绊了几跤，是否撞上其他行人。

结果是，除了穿过广场花的时间和停下脚步的次数，边走路边打电话的人每项数据都比其他人明显高出一截。打电话的人走路时改变方向的比例（29.8%）是没打电话的人（4.7%）的 7 倍，是听 MP3 的人（11%）的 3 倍，而且他们绕过别人的次数明显比其他人多（但有趣的是，听 MP3 的人绕过的人最少）。

边走路边打电话的人只有 2.1% 会跟别人打招呼（没打电话的人是 11.6%），4.3% 会撞上或差点撞上其他行人（走路时不用任何电子设备或两人同行的人都没遇到这种情况，听 MP3 的人有 1.9% 遇到了这种情况）。走路速度最慢、停下次数最多的是两人同行的人。事实上，跟其他情况比起来，两人同行的人各项数据都很接近边走路边打电话的人。

第二次实验跟第一次几乎相同，但观察人员只关注一项指标：步行者有没有看见一个小丑骑独轮车穿过广场。那个小丑服饰怪异，脚蹬巨大红鞋，戴着大红鼻子，身穿黄紫相间的戏装。采访者走近刚穿过广场的行人，问他们两个问题：1、你看见什么不寻常的东西了吗？ 2、你看见小丑了吗？

结果是，被问到有没有看见不寻常的东西时，边走路边打电话的人有 8.3% 说“有”。相比之下，不用任何电子设备或听 MP3 的人说“有”的比例是 32%，两人同行的人说“有”的比例则是 57%。被问到有没有看见小丑时，边走路边打电话的人有 25% 说“有”。其他三种情况下，比例分别为 51%、60% 和 71.4%。事实上，边走路边打电话的人有 75% 陷入了“非注意盲视”。（有 25% 的人说看到了小丑，但只有 8.3% 的人说看到了不寻常的东西，也许是因为很多人没把小丑当成“不寻常的东西”——毕竟是在大学校园里嘛）。那么，让我们回到最开始讨论的——如果边走路边打电话都能这么让人分心，那你得有多丰富的想象力，才会觉得边开车边打电话是个好主意？

自我认知扭曲时，情绪也会出问题

有些人自视甚高，总觉得自己高人一等。有些人则自视过低，在别人面前总是抬不起头。这两种人都很可能受人中伤。一项有趣的研究考察了自我认知扭曲（无论是自视过高还是自视过低）会造成什么样的影响。研究关注的是 9 ~ 12 岁的儿童的自我认知。所有参与者都要给自己对班上同学的好恶程度打分，然后预测班上同学给自己打的分。研究目的是，通过比较实际情况和认知情况，考察自我认知扭曲的程度。

几个星期后，孩子们要参加一场网上非常流行的比赛——“幸存者游戏”。评委要投票选出最不受欢迎的人，然后把这个人驱逐出赛。比赛开始前，研究人员会提出“你现在感觉怎么样？”之类的问题，以此给每个孩子的情绪打分。评分表包括愤怒、紧张、悲伤、激动、尴尬等八类，每一类分为 0（完全没有）到 4（非常明显）五个等级。

随后，孩子们要填写一份描述自己的个人档案，然后在不知情的情况下被随机分为两组：1、恶意反馈组（在游戏过程中，这组人会听到“你是最不受人欢迎的”之类的话）；2、非恶意 / 中立反馈组（在游戏过程中，这组人会听到“你的对手是最不受人欢迎的”之类的话）。事后，研究人员会重新给孩子们的情绪打分。

结果是，事前自视甚高的孩子在得到恶意反馈后会一蹶不振，事前自视过低的孩子也出现了同样的情况。中立反馈组的孩子则没有出现这种情况。

实验结果很有趣，因为它直接否定了以下观念：过高的自我认知有助于避免社交威胁对情绪的影响——这就是所谓的“积极错觉理论”（positive illusion theory），认为“一切尽在掌握”的错觉有利于适应环境。但上述研究表明，在收到威胁性的反馈后，过高的自我认知只会加剧苦闷情绪，而不会起到削弱作用。

当然，这项研究的参与者是孩子，未经世事的孩子还不懂得调节自我认知。但在办公室、俱乐部和酒吧之类的地方，在成人身上也能看见 9 ~ 12 岁孩子体现出的自大和自卑。别说我愤世嫉俗，但我真的觉得，这项研究得出的结论对成人也很有意义。

对自己越严格，越容易失控

挪威公共健康研究所的一项研究指出，当孩子长到一定的年纪，能抱怨自己的成长环境时，很多事都应该怪母亲。这是世界上第一项分析儿童饮食习惯与母亲心理变量的研究。研究人员发现，情绪不稳定的母亲喜欢给孩子准备甜食和油腻食品，导致孩子体重增加。

这项研究的规模相当可观，有近 28000 名母亲参与。研究关注的是她们的心理因素，包括焦虑、悲伤、自卑和消极的世界观。上述因素合起来就是负面情绪，表现出负面情绪的母亲压力阈值较低，遇到困难很快就会放弃。例如，孩子不听话的时候，她们更有可能放任不管。

但奇怪的是，研究人员发现母亲的个性与孩子的健康饮食习惯关系不大。显然，积极自信的母亲不一定会让孩子多吃蔬菜水果。

此前的研究发现，控制欲强的父母（是的，父亲也有份）会导致孩子吃更多甜食。抛开挪威那项研究提到的负面情绪不谈，父母平常都会做些什么？无非两件事：树立榜样，灵活应变。十多年前开展的“弗雷明汉儿童研究”就得出了一个有趣的结论，这个结论是前无古人后无来者的：当父母自己“饮食无节制”（缺乏自控），却要求孩子“节制饮食”（严格控制）时，孩子会变得更胖。

这个看似矛盾的结论，其实是说得通的。通常来说，越是努力控制卡路里摄入的人（也是嘴上说得最多的人），越是难以做到。这是个恶性循环——对自己越严格，越容易失控，就这样循环往复。孩子就像海绵吸水一样，从父母那里学到了这个恶性循环，所以体重会不断增加。

解决方法是：根据具体情况灵活应变，为孩子树立好榜样，进而打破恶性循环。放轻松点，这样才能成功减肥。

[正文结束]

致谢

在撰写本书的过程中，有许多人给予了我帮助，我对他们深表感谢。但我最想感谢的是我的家人。他们日复一日，周复一周，月复一月地支持着我。我的妻子詹妮弗，还有我的孩子戴文、科林和凯拉，促使我完成了这本书和其他工作。他们的爱意和支持是我最大的动力。

当然，如果没有我的经纪人吉尔·马萨尔的不懈努力，我根本没有机会写这本书。事实证明，他的建议和指导都是无价之宝。我还要感谢花时间帮我理清思路、编辑文档、提供反馈的朋友们，其中包括杰夫·尼尔、约翰·维克、罗伯特·范德沃特、唐纳德·威尔逊·布什和陶德·埃希格。我还从许多出色的同辈作家那里受益良多，他们在我最需要的时候伸出援手，慷慨贡献了宝贵的时间。大卫·多布斯为我提供了极为宝贵的建议，告诉我作为一名科普作家该如何起步，在当今市场上赢得读者的欢迎。马克·常吉根据自己的写作经验，给我提供了许多小诀窍，还慷慨地把我推荐给他的经纪人（他现在也是我的经纪人了）。卡尔·齐默为我通读原稿，提出了许多实用的反馈意见，使本书得以不断完善。罗伯特·伯顿的写作经验也让我受益匪浅，为我指明了前进的方向。当我准备定稿的时候，丹尼尔·西蒙斯又提供了非常有用的建议。

在此要特别感谢雷·赫伯特，他欣然应允为本书作序。在那之前，他就树立了撰写心理学读物的标准，成了我的好榜样。我永远感激我的第一位编辑，《科学美国人心智分刊》（*Scientific American Mind*）的凯伦·施洛克。感谢她对我的信任，使我的文章能出现在这本顶尖科学刊物上。此外，我还要感谢瑞恩·萨格尔。他是一位优秀的全能型记者，为我引荐了独立新闻网站 True/Slant 的成员——科茨·贝特曼、安德里亚·斯皮格尔、迈克尔·罗斯顿和路易斯·德沃尔金，我至今还跟其中几位一起在《福布斯》（*Forbes*）杂志工作。他们每个人都为我的职业生涯提供了巨大助力。

我刚开设博客“神经讲述者”（Neuronarrative）的时候，就有幸遇到了一群热心人。其中包括许多科学家和作家，还有其他愿意接受我采访、对我言无不尽的人。从那时起，他们的友谊对我就一直很重要。我要感谢所有即使我冷不丁打来电话，也愿意贡献宝贵时间的人。

感谢所有奋斗在科研第一线的优秀研究人员。他们通过辛勤的工作，帮助世人理解各种复杂的行为现象。没有他们不懈的汗水，相关领域的作家都会无话可讲。

我还要感谢《今日心理学》（*Psychology Today*）《科学美国人心智分刊》和《心理牙线》（*Mental Floss*）杂志的编辑团队，他们为我提供了巨大的支持和帮助。希望我们能一直合作下去。

图书在版编目（CIP）数据

反套路 /（美）大卫·迪萨沃著；王岑卉译．-- 北京：北京联合出版公司，2019.3 (2019.5重印)
ISBN 978-7-5596-2745-2

Ⅰ．①反… Ⅱ．①大… ②王… Ⅲ．①心理学－通俗读物 Ⅳ．① B84-49

中国版本图书馆 CIP 数据核字 (2018) 第 235588 号

北京市版权局著作权合同登记号 图字：01-2018-8731 号

反套路

作　　者：[美] 大卫·迪萨沃
译　　者：王岑卉
选题策划：谭郭鹏
责任编辑：徐　鹏
出版统筹：谭燕春
特约监制：高继书

北京联合出版公司出版
（北京市西城区德外大街83号楼9层 100088）
北京联合天畅发行公司发行
北京美图印务有限公司印刷 新华书店经销
字数230千字 870mm × 1230mm 1/32 8.5印张
2019年3月第1版 2019年5月第2次印刷
ISBN 978-7-5596-2745-2
定价：49.80元

WHAT MAKES YOUR BRAIN HAPPY AND WHY YOU SHOULD DO THE OPPOSITE,

Amherst,NY:Prometheus Books,2011.

Trademarks: In an effort tc acknowledge trademarked names of products mentioned in this work, we have placed ® or ™ after the product name in the first instance of its use in each chapter. Subsequent mentions of the name within a given chapter appear withcut the symbol.